INVENTAIRE
V20.593
AF384857

anderbeen

Ex Libris Joannis vander Beek
Roterodamensis

LES PROPRIETÉS REMARQUABLES

DE LA

ROUTE DE LA LUMIÈRE,

PAR LES AIRS

ET EN GENERAL

PAR

PLUSIEURS MILIEUX REFRINGENS SPHERIQUES
ET CONCENTRIQUES, AVEC LA SOLUTION

DES

PROBLÈMES,

QUI Y ONT DU RAPPORT, COMME SONT LES REFRAC-
TIONS ASTRONOMIQUES ET TERRESTRES,
ET CE QUI EN DEPEND.

PAR

J. H. LAMBERT.

A LA HAYE,

Chez NICOLAAS VAN DAALEN,

M. DCC. LIX.

REMARQUES

SUR

L'OPTIQUE

SERVANT

D'AVANT-PROPOS.

L'Optique, prife dans toute fon étenduë, comprend deux parties affez différentes l'une de l'autre. La premiere confidere les routes de la lumiere & les phénoménes qui en dépendent. Elle embraffe l'Optique en particulier, la Catoptrique, la Dioptrique, & la Perfpective. Ces Sciences ont eté portées à un fi haut point de perfection, qu'on n'y trouve prefque plus qu'à glaner. Les effets de la vuë etoient trop intéreffants, pour qu'on ne s'appliquât à les examiner dès la naiffance des Sciences. Fondées, comme elles font, fur peu de principes également fimples & univerfels, on ne pouvoit qu'y faire des progrès. La Géométrie & l'Analife fournirent abondamment les moïens néceffaires pour refoudre les queftions, dès qu'on étoit parvenu à fe les propofer.

Le feul cas, qui fembloit encore moins examiné, c'eft celui, où la lumiere paffe fucceffivement par plufieurs milieux fphériques & concentriques. J'ai effaïé dans ce traité de fuppléer à ce défaut. On y verra, que ce Cas n'eft ni fi compliqué, ni fi difficile, qu'il

A 2

pa-

paroît du premier abord , & qu'il y a moïen d'aller plus loin qu'on n'a eté. On fait qu'il exifte dans l'Athmofphere , & que les refractions des Aftres & des objets terreftres en dépendent. Ce feul point fuffit, pour le rendre intéreffant & digne de la peine, que les plus grands Géometres fe font donnée, pour le déterminer dans cette vuë. J'ai abandonné le chemin, qu'ils avoient battu, parceque je n'ai pas vu, qu'il les ait menés au but. Il me fembloit qu'on ne pouvoit y parvenir, que par des détours. Je reculai donc, & m'arrêtois pour le découvrir.

On ne me reprochera pas, que j'aïe fait entierement abftraction de la denfité de l'air. Tout ce que j'y aurois gagné, ce feroit d'avoir eu une equation différentielle pour une autre, fans en avoir eté plus avancé. Par contre en l'omettant, mon traité eft purement optique & mathématique, c'eft à dire, démonftratif. En admettant les denfités, il auroit tenu à des hypothefes Phyfiques : la différence eft fenfible.

Voici tout ce que j'avois à dire préalablement fur ce petit ouvrage. En y joignant fa lecture, on fe trouvera en état d'y ajouter le refte.

L'autre partie de l'Optique, dont j'ai principalement deffein de parler, c'eft la *Photométrie.* Elle s'occupe de l'eclat de la lumiere, de fa denfité, de fa force illuminante, de fes modifications dans les couleurs & dans l'ombre, de fes degrés , des accroiffemens & diminutions qu'elle fouffre dans tous les cas. Si la

pre-

premiere partie de l'optique a eté d'un secours
infini, pour corriger les défauts de la vuë,
pour rectifier les jugemens des yeux, pour dé-
mêler les aparences d'avec la vérité, pour
nous faire connoitre des mondes, que la nature sembloit avoir voulu nous cacher, en les
eloignant au-delà de la portée de notre vuë,
ou en les rendant imperceptibles par leur pe-
titesse, il faut dire, que notre connoissance
de la lumiere elle-même n'en a pas eté fort
perfectionnée. La Photométrie y contribue
infiniment plus. Qui veut imaginer une théorie de la lumiere, il ne lui suffira pas, de sa-
voir qu'elle se reflechit & se brise suivant
une certaine loi: mais il lui importera, d'en
pouvoir déduire la quantité de l'une & de l'autre conformement aux expériences.

La Photométrie n'est pas un païs entierement inculte. Des savans fort célebres y ont
travaillé. Mr. Bouguer en a donné un tres
bel Essai sur la Gradation de la lumiere. Il la
fait passer par plusieurs vitres, par l'eau, par
l'athmosphere. Il en cherche l'affoiblisse-
ment. Il s'en sert pour la célebre expérience
sur la comparaison de la Clarté du Soleil & de
la Pleine-Lune. Mr. Euler a encore donné
nouvellement une Dissertation sur les différens
degrés de la lumiere des Astres; & on trouve,
dans plusieurs Optiques, des recherches, qui
ont du rapport à la Photométrie, & en particulier dans celle de Mrs. Smith & Kaestner.

Tous ces Essais sont des parties détachées
d'un tout, dont il paroit qu'on est encore
fort eloigné. Aussi n'en doit-on pas être sur-

A 3

pris.

pris. Rien de plus difficile, que la mefure de la lumiere, lorfqu'on veut la pourfuivre dans toutes fes modifications & dans tous les phé-nomênes qu'elle nous offre. Si les princi-pes pour trouver les routes de la lumiere étoient aifés & fimples, fi les bords de l'om-bre, ou des raïons attenués, qui entroient dans une chambre obfcure, les marquoient vifible-ment, il s'en faut de beaucoup, que ceux, dont on a befoin pour la Photométrie le foient auffi. Il arrive rarement ou jamais, qu'on les voïe feuls, & il faut nombre d'expériences, pour les dégager des circonftances acciden-telles, dans lesquelles ils font toujours enve-lopés.

Cette fcience nous manquant donc prefque entierement, & etant d'ailleurs fort curieufe, je me propofe d'en donner un effai au public, lequel, fans être complet, ne laiffera pas d'etre affez détaillé.

On y trouvera la fuite d'expériences, qu'il m'avoit fallu faire pour déterminer la quantité de la lumiere reflechie & brifée fur la furface extérieure & intérieure du verre, fous cha-que obliquité d'incidence. J'ai taché, d'un autre côté, d'y appliquer un Calcul, que les expériences ne démentiffent point. On fait que c'eft juftement ce qui reftoit de plus inex-plicable dans la théorie de la lumiere, & on pouvoit croire avec quelque droit qu'une théorie, qui expliqueroit ce phénoméne, & qui fourniroit les principes pour les calculs, ne pouvoit qu'être extrêmement aprochante de la véritable. J'applique ces mêmes Ex-
pé-

périences à plufieurs verres, & par-là j'obtiens, pour chaque angle d'incidence, ce que Mr. Bouguer avoit cherché pour les angles droits. Je traite de la diminution de la lumiere, qui paffe par l'athmofphere, fans avoir befoin de quelque hypothefe Phyfique. On y trouvera la théorie de l'intenfité de la lumiere directe, & la clarté des objets illuminés, comparée à celle de la lumiere qui les illumine, la clarté des images dans les foïers d'un verre cauftique comparée à celle des objets mêmes, par théorie & par expérience, en faifant entrer dans le calcul la quantité de lumiere que les furfaces du verre reflechiffent. L'Illumination du fyftéme planétaire, & la clarté des planêtes & de leurs phafes vues de la terre, leur force illuminante, &c. Cette théorie n'eft point du tout une copie de celle de Mr. Euler. Elle part de principes différens & plus détaillés, & répond parfaitement à l'expérience de Mr. Bouguer pour la Clarté de la Lune comparée à celle du Soleil, que le calcul de Mr. Euler donna plus petite contre fon attente, & que Mr. Smith trouva plus grande par le fien. Les différens degrés de l'ombre, & leur mefure. Des inftrumens pour déterminer le degré de la Clarté des couleurs & de leur mélange. La Clarté des objets en tant qu'elle dépend de la variation de l'ouverture de la pupille, &c.

Voici quelques fujets, que je traite dans ma Photométrie, fimplement indiqués. Pour donner quelque idée du tout, je dirai que,

A 4

quant

quant aux matieres, que l'on trouve déja dans
d'autres livres, ce que j'en dirai, en differera
comme le prefent traité differe de ce que
d'autres Auteurs ont trouvé fur les refractions
aftronomiques; & que pour celles, qui font
toutes nouvelles, ne trouvant à les comparer qu'aux expériences, il fuffira de dire qu'elles auront leur fuffrage.

LES PROPRIETES REMARQUABLES

DE LA ROUTE
DE LA LUMIERE.

SECTION I.

Les Propriétés générales de la route, que la lumiere prend, en paſſant par des milieux refringens, ſphériques & concentriques.

EXPERIENCE I.

§. 1. LOrſque la lumiere paſſe d'un milieu dans un autre plus ou moins denſe, elle ſe briſe ſur la ſurface, & le rapport des ſinus de l'angle d'inclinaiſon & de l'angle briſé pour les mêmes milieux, eſt conſtant, quelque ſoit l'angle d'inclinaiſon.

EXPERIENCE II.

§. 2. Si la lumiere paſſe ſucceſſivement par pluſieurs milieux, dont les ſurfaces ſoient planes & paralleles, le rapport entre les ſinus de l'angle d'inclinaiſon ſur le premier milieu & de l'angle briſé à la derniere ſurface eſt le même, qui auroit lieu, ſi elle paſſoit immédiatement du premier milieu au dernier.

REMARQUE.

§. 3. Ces deux Expériences ſont trop connues pour m'y arrêter plus long-tems. Je ne les allegue ici, que parcequ'elles ſerviront ſeules de baſe à ce qui ſera démontré dans la ſuite.

A 5

La

La premiere en particulier eſt le fondement de toute la Dioptrique, & on n'a pas manqué d'en chercher pluſieurs démonſtrations. Je me ſuis borné à ne les expoſer ici, que comme de ſimples expériences. La ſeconde paroit dépendre de la premiere, & quelque démonſtration qu'on donne de celle-ci, on en déduira toujours l'autre auſſi.

THÉORÊME I.

§. 4. *Si la lumiere paſſe ſucceſſivement par pluſieurs milieux refringens, le rapport entre le ſinus du premier angle d'inclinaiſon & celui du dernier angle briſé eſt la ſomme des rapports des angles intermédiaires.*

Fig. 1.

DÉMONSTRATION.

Soient BH, LJ, MK, NE les ſurfaces des milieux refringens planes & paralleles, ABCDEF un raïon de lumiere briſé ſucceſſivement en B, C, D, E. Or pour ces quatre refractions on aura les quatre rapports ſuivans

$$\text{ſin. GBA} \ : \ \text{ſin. CBL}$$
$$\text{ſin. HCB} \ : \ \text{ſin. DCM}$$
$$\text{ſin. JDC} \ : \ \text{ſin. EDN}$$
$$\text{ſin. KED} \ ; \ \text{ſin. FEP}$$

Dont la ſomme ſera
(ſin. GBA. ſin. HCB. ſin. JDC. ſin. KED):
(ſin. CBL. ſin. DCM. ſin. EDN. ſin. FEP).
Mais à cauſe du paralleliſme des ſurfaces, on aura

$$\text{HCB} = \text{CBL}$$
$$\text{JDC} = \text{DCM}$$
$$\text{KED} = \text{EDN}$$

donc en ſubſtituant ces Valeurs, la ſomme des rapports ſe change en (ſin. GBA. ſin. HCB. ſin. JDC. ſin. KED): (ſin. HCB. ſin. JDC. ſin. KED. ſin. FEP) & partant en ſin. GBA: ſin. FEP.

Corollaire.

§. 5. Par la feconde Expérience (§. 2.) le rapport fin. GBA: fin. FEP eft le même, qui auroit lieu, fi la lumiere paffoit immédiatement du milieu A dans le milieu F. D'où il fuit, que fi la lumiere paffe fucceffivement par différens milieux refringens, dont les furfaces foient planes & paralleles entre elles, la fomme des rapports entre les finus des angles d'inclinaifon & des angles brifés eft egale au rapport des finus des mêmes angles, lorfque la lumiere paffe immédiatement du premier milieu dans le dernier.

Lemme I.

§. 6. *Soient* AB, BC, CD, DE, EF, FG Fig. 2. *les côtés d'un poligone quelconque, dont les deux extrêmes* AB, GF *etant prolongés fe rencontrent en* Q. *Soient tirées d'un point quelconque* H *les droites* HA, HB, HC, HD, HE, HF, HG, HQ: *je dis que le rapport du produit des finus des angles extérieurs* HFG, HEF, HDE, HCD, HBC *au produit des finus des angles intérieurs* HFE, HED, HDC, HCB, HBA *fera le même que le rapport du finus de l'angle* HQG *au finus de l'angle* HQA.

Démonstration.

Prolongez les côtés jufqu'à ce qu'ils rencontrent les perpendiculaires, que vous y tirerez du point H, & pofant le raïon $=$ I, vous aurez

$$\left\{ \begin{array}{l} \text{fin. } HFG = \dfrac{HP}{HF} \\[4pt] \text{fin. } HEF = \dfrac{HN}{HE} \\[4pt] \text{fin. } HDE = \dfrac{HM}{HD} \\[4pt] \text{fin. } HCD = \dfrac{HL}{HC} \\[4pt] \text{fin. } HBD = \dfrac{HK}{HB} \end{array} \right\} : \left\{ \begin{array}{l} \text{fin. } HFE = \dfrac{HN}{HF} \\[4pt] \text{fin. } HED = \dfrac{HM}{HE} \\[4pt] \text{fin. } HDC = \dfrac{HL}{HD} \\[4pt] \text{fin. } HCB = \dfrac{HK}{HC} \\[4pt] \text{fin. } HBA = \dfrac{HJ}{HB} \end{array} \right\}$$

& partant le rapport du produit des premiers au produit des derniers fera $= HP : HJ$: parceque non feulement les dénominateurs, mais auffi les numérateurs intermédiaires s'entredétruifent. Mais le rapport entre le fin. de $HQG = \dfrac{HP}{HQ}$ & le fin. de $HQA = \dfrac{HJ}{HQ}$ fera de même $= HP : HJ$. par conféquent il eft egal à celui des produits.

COROLLAIRE I.

§. 7. Le finus d'un angle quelconque etant auffi le finus de fon complement à deux droits, il s'enfuit, que le Lemme, que l'on vient de démontrer, auroit auffi pu être enoncé de la maniere fuivante.

Le produit des finus des angles ABH, BCH, CDH, DEH, EFH, *eft au produit des angles* KBH, LCH, MDH, NEH, PFH. *comme le finus de l'angle* HQJ *au finus de l'angle* HQP, *ou fimplement comme la droite* HJ *à la droite* HP.

Co-

COROLLAIRE II.

§. 8. Si l'on suppose, que tous les côtés du poligone soient infiniment petits, il se changera en une ligne courbe, dont PG, JA seront des tangentes, & HP, HJ des perpendiculaires à ces tangentes.

REMARQUE.

§. 9. Il seroit superflu de démontrer, que l'angle PQJ est la somme de tous les angles PFE, NED, MDC, LCB, KBA & egal à l'angle JHP.

THÉORÊME II.

§. 10. *Si du point H comme d'un Centre on tire des arcs de Cercle par les points A, B, C, D, E, F, G. & qu'on suppose les espaces entre ces arcs remplis de matieres diaphanes & diversement refringentes, & qu'un raïon de lumiere y passant de G en A soit successivement brisé aux points F, E, D, C, B. je dis que le produit des sinus de tous les angles d'inclinaison sera au produit des sinus de tous les angles brisés, comme HP à HJ.*

DEMONSTRATION.

Les angles d'inclinaison sont egaux à leurs opposés PFH, NEH, MDH, LCH, KBH, & les angles brisés sont EFH, DEH, CDH, BCH, ABH. Le reste de la démonstration n'est qu'une application du L. Coroll. du I. Lemme (§. 7.)

Co-

COROLLAIRE.

§ 11. Donc la fomme des rapports des finus des angles d'inclinaifon aux finus des angles brifés, eft la même que le rapport de H P à H J, ou du finus de l'angle H Q P au finus de l'angle H Q J.

REMARQUE.

§. 12. On fait affez que, pour additionner des rapports, il faut multiplier les termes, & prendre le rapport de leur produit, & que réciproquement la fouftraction des rapports fe fait par la divifion. C'eft ce que j'obferve ici, afin de faire entrevoir l'Identité de l'enoncé du Théorême & de fon Corollaire, & pour le comparer au Corollaire du Théorême I. (§. 5)

THÉORÊME III.

§. 13. *Le rapport du finus de l'angle H Q P au finus de l'angle H Q I eft le même, qui eft entre le finus de l'angle d'inclinaifon & celui de l'angle brifé, lorfque la lumiere paffe immédiatement d'un milieu extrême dans l'autre, c'eft à dire, du milieu G dans le milieu A.*

DÉMONSTRATION.

Le rapport du finus de l'angle H Q P au finus de l'angle H Q I eft egal à la fomme des rapports des finus de tous les angles d'inclinaifon aux finus des angles brifés fur les furfaces des milieux (§. 10.) Mais cette fomme des rapports eft egale au rapport des finus de l'angle d'inclinaifon & de l'angle brifé, lorfque la lumiere paffe immédiatement du premier milieu dans le dernier (§. 5.) donc le rapport du finus de l'angle H Q P au finus

de

de l'angle H Q J eſt le même, que celui entre le
ſinus d'inclinaiſon & celui de l'angle briſé, lorſque
la lumiere paſſe d'un milieu extrême dans l'autre.

THÉORÊME IV.

§. 14. *Si au lieu de tous les milieux* A B C D E F G
il n'y avoit que les deux extrêmes A B & F G,
*dont le premier ſeroit répandu par tout l'eſpace entre
le cercle* A & *entre celui qu'on tirera du Centre* H
par le point Q, & *que l'autre rempliroit l'eſpace
entre le cercle décrit par le point* Q & *le cercle*
G: *je dis, que la lumiere incidente en* G *ſuivant
la direction* G Q *ſeroit briſée en* Q, & *qu'en continuant ſa route par* Q A *elle parviendroit en* A,
*tout de même que lorſqu'elle paſſoit par les différens
milieux* A B C D E F G, *ſuivant les directions*
G F E D C B A.

DÉMONSTRATION.

Car comme dans le cas de ce Théorême il n'y a
que les milieux extrêmes, qui ſe touchent au cercle tiré par Q, il eſt evident que la Lumiere
paſſera immédiatement d'un milieu extrême dans
l'autre, & que les milieux etant d'une refrangibilité différente, il ſe fera une refraction en Q,
où les ſurfaces ſe touchent. L'angle d'inclinaiſon
ſera egal à ſon oppoſé P Q H, & le ſinus de l'angle
briſé ſera au ſinus de l'angle P Q H comme le ſinus
de l'angle J Q H au ſinus du meme angle P Q H,
(§. 12.) & partant l'angle J Q H ſera le même
que l'angle briſé. Donc la Lumiere prendra la
route Q J. Mais Q J eſt le côté A B. prolongé (§. 6.) par conſéquent la Lumiere paſſera
par le point A, par lequel elle paſſa auſſi dans
le cas, où elle parcourut les différens milieux
A B C D E F G. Donc &c.

THÉO.

Théorême V.

§. 15. La refraction dans l'un & l'autre Cas du Théorême précedent est la même.

Démonstration.

La refraction est l'angle, que fait la direction de la lumiere incidente prolongée avec la direction de la lumiere brisée. Or dans l'un & l'autre cas la direction de la lumiere incidente est G Q prolongée en P, & celle de la lumiere brisée est Q A J, par conséquent la même, & la refraction sera l'angle P Q A.

Remarque I.

§. 16. Moïennant ces deux derniers Théorêmes la somme de toutes les refractions, que la lumiere souffre aux surfaces F, E, D, C, B, est reduite à une seule refraction en Q, qui est telle, que 1°. le rapport des sinus de l'angle d'inclinaison & de l'angle brisé est le même, que celui qui a lieu, lorsque la lumiere passe d'un milieu extrème dans l'autre, qu'on peut supposer se toucher en Q. & 2°. l'angle de refraction est P Q J = J H P. Mais la distance H Q n'est pas la même, dès que la lumiere tombe dans les milieux sous un autre angle, ce qui rend la détermination des refractions plus difficile.

Remarque II.

§. 17. Comme le nombre des milieux, leur distance & leur refrangibilité ne changent rien à ces Théorêmes, il est clair, qu'ils s'appliqueront de même, lorsque la route de la lumiere est une ligne courbe, comme dans l'athmosphere de la terre,

&

& qu'ils auront lieu , foit qu'on prenne toute la
Courbe, ou qu'on n'en prenne qu'une partie quelconque.

THÉORÊME VI.

§. 18. *Tous les finus des angles, que la route de
la lumiere* A B C D E F G *forme avec les droites*
A H, B H, C H, D H, E H, F H, G H, *tirées
du Centre* H *aux points de brifure, font dans un rapport conftant, quelle que foit l'obliquité d'incidence.*

DÉMONSTRATION.

Les milieux etant circulaires & concentriques,
il eft evident, que les droites A H, B H, C H,
D H, E H, F H, G H feront leurs raïons, &
par conféquent conftans. Mais les finus des angles
qui fe forment dans une même couche, comme p.
ex. des deux angles E D H & D E H font en raifon des côtés oppofes E H, D H, par conféquent
en raifon des raïons des furfaces. Or cette raifon
eft conftante, donc auffi le rapport entre les finus
des angles, qui fe forment dans une même
couche.

De plus les finus de chaque angle extérieur, comme p. ex. E D H eft egal au finus de fon complément à deux droits M D H, & par conféquent au
finus de l'angle d'inclinaifon. Mais l'angle contigu
C D H eft fon angle brifé. Or par là Loi de refraction (§. 1.) la raifon entre le finus de l'angle
d'inclinaifon & le finus de l'angle brifé eft conftante.
Donc le rapport des finus de deux angles contigus à
une même furface comme E D H, C D H eft auffi
conftant.

Par conféquent le rapport des finus des angles dans
une même couche comme D E H, E D H, & celui des angles d'une couche à l'autre comme
E D H, C D H eft conftant, & partant les finus

B

de

de tous les angles, que la route de la lumiere forme avec les droites H A , H B, H C, H D, H E,
H F , H G , tirées du centre H aux points de brifure font dans un rapport conftant.

COROLLAIRE.

§. 19. Donc le finus de l'angle B A H fera à celui d'un autre angle p. ex. D E H, que la route
de la lumiere forme à la furface E, comme les
finus des angles analogues, qu'elle formera aux
mêmes furfaces A & E fous une autre obliquité
d'incidence.

THÉORÊME VII.

§. 20. *Les perpendiculaires* H J, H K, H L,
H M, H N, H P, *menées aux côtés prolongés* A B,
B C, C D &c. *font dans un rapport conftant, quelle
que foit l'obliquité d'incidence.*

DEMONSTRATION.

En confiderant les droites H A, H B, H C,
H D, H E , H F , H G, comme des raïons, les
perpendiculaires H J, H K, H L, H M, H N,
H P feront les finus des angles d'inclinaifon & des
angles brifés, & par conféquent dans un rapport conftant (§. I.)

THÉORÊME VIII.

§. 21. *Aïant prolongé le côté* A B *jufqu'en* R, *où
il rencontre la derniere furface refringente* R F, *tirez le raïon* H R, *& faites l'angle* S R H *egal à
l'angle* P F H, *prolongez* S R *en* T: *je dis que, fi
l'efpace entre les cercles* A *&* R E *étoit rempli du
milieu, qui eft entre* A B, *la lumiere incidente fuivant la direction* T R *fur la furface* R F, *y fera bri-*
fée

fée en sorte qu'en continuant sa route par RA *elle parviendra dans le point* A, *tout de même que dans les deux Cas du Théorême* IV. & *que l'angle de refraction* SRA *joint à l'angle* RHF *sera égal à l'angle de refraction,* PQA *dans les deux Cas du Théorême cité.*

DÉMONSTRATION.

I°. Comme les deux milieux extrêmes se joignent en FR, la refraction, que la Lumiere souffre en R est telle, que le rapport des sinus de l'angle d'inclinaison & de l'angle brisé est comme HP à HJ ($. 12.) or en menant la perpendiculaire HS à la droite SR, on aura HS = HP, à cause de HF = HR, FFH = SRH & des angles droits HPF = HSR. donc le rapport des sinus est aussi comme HS à HJ. Mais prenant HR pour le raïon, HS sera egal au sinus de l'angle d'inclinaison, & HJ à celui de l'angle brisé, donc la lumiere après avoir eté brisée en R passeta par RA & partant par le point A.

II°. Prolongez la droite FP jusqu'à ce qu'elle rencontre SR en V, vous aurez l'angle VOR egal à son opposé HOF, & l'angle VRH egal à l'angle PFH, & les deux triangles RVO & OHF seront semblables. Mais l'angle VQA est la somme des deux angles VRQ & RVQ, donc il sera aussi la somme des angles VRQ & RHF.

REMARQUE.

§. 22. Ce Théorême fait voir la différence entre la refraction rectiligne dans un milieu egalement dense, & la refraction, que la lumiere subit lorsqu'elle passe par différens milieux, où elle est brisée à reprise. Il paroit de-là, qu'après avoir trouvé l'angle de refraction pour le premier cas, qui est VRA, il faut encore y ajouter l'angle RHF, pour avoir la refraction dans le second cas, qui

est

eſt egale à l'angle P Q A. D'où il s'en ſuit encore, que plus la route de la Lumiere A B C D E F G dans le ſecond cas eſt courbe, plus auſſi la différence entre la refraction dans les deux cas ſera grande.

THÉORÊME IX.

§. 23. *Faites la droite HZ egale à la quatrieme proportionelle des lignes HP, HJ & HF, & aïant tiré l'arc de cercle ZW, qui entrecoupe la droite AJ en W, menez une droite de H en W, je dis, que l'angle JWH ſera egal à l'angle PFH, qui eſt l'oppoſé de l'angle d'inclinaiſon de la Lumiere incidente en F.*

DEMONSTRATION.

Car par la conſtruction on a la proportion ſuivante HP : HJ = HF : HW, d'où l'on tire HP : HF = HJ : HW, or les deux triangles HJW & HPF ſont droits, par conſéquent ils ſont ſemblables, & partant l'angle JWH eſt egal à l'angle PFH.

COROLLAIRE I.

§. 24. Le rapport entre les perpendiculaires HJ & HP pour les mêmes couches eſt conſtant, quelle que ſoit l'obliquité d'incidence (§. 19) or le raïon HF étant conſtant auſſi, il eſt clair que le raïon HW le ſera de même. D'où il ſuit, que quelle que ſoit l'obliquité d'incidence de la lumiere, la droite AW ſera toujours egalement inclinée au Cercle ZW comme la lumiere incidente en F eſt inclinée ſur la ſurface F.

Co-

COROLLAIRE II.

§. 25. D'où on tire encore cette conséquence, que l'angle W H A fera la différence des deux angles P F H & W A H, & par conséquent la différence des deux angles d'inclinaison extrêmes. Car il est la différence des angles W A H & J W H, or l'angle J W H est egal à l'angle P F H.

THÉORÊME X.

§. 26. *Toutes les choses etant les mêmes que dans le Théorême précedent, l'angle* W H F *fera egal à l'angle de refraction* P Q A.

DEMONSTRATION.

L'angle J W H etant egal à l'angle P F H, & l'angle H W A le complément de J W H, il est clair, que la somme des deux angles opposés A W H & Q F H du quarré H W Q F est egale à deux droits. Donc aussi la somme des deux autres angles W Q F & W H F fera egale à deux droits, & partant l'angle W H F egal à l'angle P Q A, qui est le complément de W Q F à deux droits.

COROLLAIRE I.

§. 27. Les angles opposés du quarré H W Q F etant egaux à deux droits, il s'en suit, qu'il peut toujours être inscrit à un cercle, & par conséquent les quatre points H, W, Q, F feront dans la circonférence d'un cercle. D'où l'on tire, que si de ces quatre points il y en a trois donnés de position, le cercle qui passera par tous les quatre poura être décrit, & le quatrieme, de même que la refraction feront déterminés.

B 3

Corollaire II.

§. 28. On trouvera de même, que l'angle WHR est egal à l'angle de la refraction rectiligne SRA. (§. 21.) Car par le Théorême que je viens de citer on a SRA + RHF = PQA, Mais l'angle PQA est egal à WHF (§. 26.) donc SRA = WHF — RHF = WHR.

Remarque.

§. 29. Voici les propriétés les plus simples & les plus remarquables, que j'aïe pu découvrir de la route de la lumiere, qu'elle prend en passant par plusieurs milieux sphériques & concentriques. Il est evident, qu'elles s'appliqueront egalement à ces Cas, où la route est courviligne, & qu'elles donneront lieu à d'autres recherches, que nous ferons dans la suite. Elle en a cependant bien d'autres, mais la plûpart en sont trop compliquées, quand on suppose, que les milieux ont une distance finie; & qui se simplifient davantage, quand on considere des milieux infiniment proches les uns des autres & differant infiniment peu à l'egard du degré de refrangibilité. C'est le Cas, que nous allons examiner. Il est clair qu'il existe dans l'athmosphere de la terre, & qu'ainsi en le considerant, nous ne faisons que nous aprocher du but principal.

Exposition du Cas.

§. 30. Soit C le centre commun des milieux refringens, dont les surfaces soient circulaires & infiniment proches l'une de l'autre, telles que representent les cercles tirés par les points M & n. Soit la courbe AMn la route de la lumiere, qui passant par les mêmes points n, M, parvienne en A.

Fig. 3.

A. Tirez les droites AJ, MT, nt, qui touchent
la courbe dans ces points, & du centre C menez-y
les perpendiculaires CD, CT, Ct. l'angle infiniment petit TMt fera la refraction de la couche M,
& la fomme de toutes les refractions de la partie
AM fera egale à l'angle TGA $=$ DCT. (§. 14.)
Soient MR, nR deux perpendiculaires aux tangentes TM, tn, qui concourent en R, la droite
MR fera le raïon de courbure répondant au point
de la courbe M, & l'angle MRn fera egal à l'angle tMT de la refraction.

Théorême XI.

§. 31. *Le raïon de courbure* MR *eft à la petite
portion de la courbe* Mm, *comme la tangente* MT
à la différence ts *des deux perpendiculaires*
CT, Ct.

Démonstration.

Cette analogie fuit néceffairement de la reffem-
blance des deux triangles tnT & MRn, les angles en t & n etant droits, & les angles tnT,
MRn egaux (§. 30.).

Corollaire.

§. 32. D'où il fuit, que le raïon de courbure eft
en raifon compofée directe de la tangente MT &
de l'element de la courbe Mn, & en raifon reciproque de la différence des deux perpendiculaires
CT, Ct.

 Théo-

Théorême XII.

§. 33. *La différence* t s *des deux perpendiculaires* C T, C t *est en raison constante du sinus de l'angle* T M C. *pour les mêmes couches* M, n.

Démonstration.

Car toutes les perpendiculaires menées du centre C aux tangentes de la courbe sont dans un rapport constant aux sinus de tous les angles, que la courbe forme avec les droites qu'on y tire du centre C, si les distances des points d'atouchement & d'intersection du Centre C restent les mêmes pour chaque obliquité d'incidence (§. 17. 19.) Donc les distances des Couches C M, C n etant supposées rester les mêmes, les perpendiculaires C T, C t, & partant aussi leur différence t s seront en raison constante du sinus de l'angle T M C, quelle que soit l'obliquité d'incidence.

Théorême XIII.

§. 34. *Les distances des couches* M & n *du centre* C *restant les mêmes, l'element de la courbe* M n *compris entre ces deux couches est en raison constante réciproque du cosinus de l'angle* T M C, *ou en raison directe de la sécante du même angle.*

Démonstration.

Car considerant la distance des couches m n comme le raïon, l'element de la courbe M n representera la sécante de l'angle M n m, qui est censé être egal à l'angle T M C, parcequ'il n'en differe, qu'infiniment peu. Or la distance m n etant constante, l'element M n sera simplement comme la
sécan.

fécante de l'angle T M C, & par conféquent en raifon réciproque de fon Cofinus.

THÉORÊME XIV.

§. 35. *La tangente* M T *eft en raifon directe du
cofinus de l'angle* T M C.

DÉMONSTRATION.

En confiderant la droite C M comme le raïon,
la tangente M T, formant le troifieme côté du
triangle rectangle C M T, fera le Cofinus de l'angle T M C. Or la droite C M eft fuppofée être
conftante, donc T M fera en raifon conftante du
cofinus de l'angle C M T.

REMARQUE.

§. 36. On voit de ces trois derniers Théorêmes,
que les trois quantités, par lesquelles nous avons
déterminé le raïon de courbure (§. 30. 31.) font
chacune dans un rapport conftant au finus ou cofinus de l'angle T M C, de forte qu'en comparant les
quatre derniers Théorêmes, on en tirera la propo-
fition fuivante.

THÉORÊME XV.

§. 37. *Le raïon de Courbure* M R *eft en raifon
réciproque du finus de l'angle* T M C, *ou en raifon directe de la fécante de fon complément.*

DÉMONSTRATION.

Par le Théorême XI. (§. 31.) on a

$$MR = Mn. MT : ts.$$

Mais Mn eſt réciproquement comme le coſinus de l'angle TMC (§. 34.) & MT eſt en la même raiſon directe (§. 35.) Or ces deux raiſons s'entredétruiſent, donc le raïon de courbure MR eſt réciproquement comme la différence des perpendiculaires ts, par conféquent réciproquement comme le ſinus de l'angle TMC (§. 33.) ou directement comme la fécante de ſon complément.

COROLLAIRE.

§. 38. L'angle RMT etant droit, l'angle CMR ſera le complément de l'angle CMT, donc le raïon de courbure ſera en raiſon directe de la fécante de l'angle CMR.

THÉORÊME XVI.

§. 39. *Aïant prolongé la droite MC en S, menez-y la perpendiculaire RS de l'extrêmité du raïon de courbure, ou de ſon Centre, je dis que la lumiere paſſant par le point M fous un angle d'incidence quelconque, le centre du raïon de courbure, qui répondra au point M ſe trouvera toujours dans la droite SR prolongée ſi le befoin l'exige.*

DÉMONSTRATION.

Car le raïon de courbure etant en raifon conftante de la fécante de l'angle **S M R**, il eft evident
que la droite **M S** etant conftante & fuppofée êtrè
le raïon, la droite **M R** ou le raïon de courbure
reprefentera cette fécante, & lui étant egale dans
un cas le fera auffi dans tous les autres.

COROLLAIRE.

§. 40. Si donc la route de la lumiere eft circulaire, il n'y aura rien de fi facile, que de la décrire pour chaque obliquité d'incidence, parcequ'un feul centre etant donné, tous les autres le feront auffi.

THÉORÊME XVIII.

§. 41. *La droite* **M S** *eft au raïon de la couche*
C M *comme l'angle* **M C** n *à l'angle de refraction*
t**M T**.

DÉMONSTRATION.

Par le Théorême XI. (§. 31.) on a

$$MR = Mn. \ MT : ts.$$

Mais par la Conftruction il eft

$$Mm = CM. \ MCm.$$
$$Mn = CM. \ MCm : \text{fin.} \ TMC$$
$$MT = CM. \ \text{cofin.} \ TMC$$
$$ts = CM. \ \text{cof.} \ TMC. \ tMT.$$

donc

donc en substituant on aura

$$MR = \frac{CM.\,MCm}{tMT.\,\sin.\,TMC}$$

Or par le Théorême précedent

$$MR = MS:\,\sin.\,TMC$$

donc

$$MS = CM.\,MCm\;;\,tMT.$$

& partant

$$MS : CM = MCm : tMT.$$

COROLLAIRE I.

§. 42. Toutes les fois donc que l'angle au centre MCm est plus grand que la refraction tMT, la droite MS sera aussi plus grande que le raïon CM, & réciproquement, & à plus forte raison tous les autres raïons de courbure MR seront plus grands que CM.

COROLLAIRE II.

§. 43. Mais si $MCm \langle TMt$, il sera aussi $SM \langle CM$, & les autres raïons de courbure croissants à l'infini pouront être plus grands ou plus petits que CM.

RE.

REMARQUE.

§. 44. Le premier cas exifte dans l'athmofphere, & nous verrons après que la droite M S eft
toujours 6 à 8 fois plus grande que le raîon M C.
Nous nous y arréterons donc d'avantage.

THÉORÊME XIX.

§. 45. *La fomme des deux angles* t M T *&* T M C
eft egale à la fomme des deux angles M C n *&*
M n C.

DÉMONSTRATION.

Car M C n $+$ M n C $=$ t M C
or t M C $=$ t M T $+$ T M C
donc M C n $+$ M n C $=$ t M T $+$ T M C

COROLLAIRE I.

§. 46. Si donc l'angle t M T eft plus petit que
l'angle M C n, l'angle t n C fera auffi plus petit que
l'angle T M C & réciproquement.

COROLLAIRE II.

§. 47. Par conféquent fi t n C $<$ T M C il fera
auffi C M $<$ M S. & réciproquement.

COROL-

COROLLAIRE III.

§. 48. D'où l'on tire que lorsque $CM = MS$, il sera aussi $tMT = MCn$ & $TMC = tnC$.

THÉORÈME XX.

§. 49. *Si l'angle de refraction tMT est continuellement plus grand que l'angle au centre MCn, le raïon MA s'approchera du centre C dans une ligne spirale.*

DÉMONSTRATION.

Si $tMT > MCn$, il sera aussi $tnC > TMC$, donc la tangente TM sera plus inclinée à son raïon MC, que n'est la tangente tn à son raïon nC. Or cette propriété ne convient qu'aux Spirales, dont le centre est C. Donc &c.

REMARQUE.

§. 50. Ce Théorème a encore lieu, lorsque les angles tMT sont constamment egaux aux angles répondans Mcn. Car alors il est aussi $TMC = tnC$. C'est à dire, la courbe, que le raïon décrira en ce cas est dans tous ses points egalement inclinée aux raïons, qu'on y mène du centre C. Cette qualité ne convient qu'aux spirales logarithmiques, lesquelles par conséquent seront décrites en ce cas moïen par les raïons de lumiere. Et c'est le seul cas, où l'angle d'inclinaison de la courbe à ses raïons peut être quelconque. Pour toutes les autres spirales, ou $tMT > MCn$, il ne sauroit exceder une certaine grandeur, parceque la lumiere, au lieu de se briser en remontant du centre, seroit

toute

toute réflechie. Ainſi la logarithmique ſpirale eſt
le cas extrême de ceux, où les refractions ſont
poſſibles ſous tous les angles d'incidence.

Théorême XXI.

§. 51. *Si l'angle* TMt *eſt conſtamment plus petit
que l'angle au centre répondant* MCn, *la courbe
que la lumiere décrira, aura un ſommet, ce ſommet
ſera plus proche du centre* C, *que tout autre point de
la courbe, la droite qu'on y mênera du centre, en
ſera l'axe, & perpendiculaire à la courbe, & la
courbe de l'un & de l'autre côté de cet axe ſe ſera
ſemblable.*

Démonstration.

Car l'angle TMt etant plus petit, que l'angle
MCn, l'angle TMC ſera plus grand que l'angle
tnC. Donc l'angle TMC s'agrandira à meſure
que la courbe approche du centre juſqu'à ce qu'il
devienne droit. Ce qui arrivant, la route de la
lumiere ſera perpendiculaire au raïon, qu'on y
mênera du centre, & la lumiere remontera par les
couches ſupérieures. Or la refraction, en remontant par chaque couche, ſera la même que lorſqu'elle deſcendit par la même couche. Donc
&c.

Remarque.

§. 52. J'ai abregé cette démonſtration, qui au-
toit eté beaucoup plus longue, s'il avoit fallu démontrer chaque point du Théorême ſéparement.
Je la crois cependant ſuffiſamment dévelopée,
pour que l'on en puiſſe comprendre les conſé-
quences.

D'ail-

D'ailleurs ces deux derniers Théorêmes font voir la nature des courbes, que la lumiere peut décrire dans des milieux fphériques & concentriques, lorfque le rapport entre les degrés de réfrangibilité des différentes couches fuit une même loi par tout. Car ce feront ou des fpirales ($.49.) fi la refraction eft affez forte pour que l'angle T M n foit plus grand que l'angle M C n; ou s'il eft plus petit, ce ne feront que des courbes femblables de l'un & de l'autre côté de l'axe, & leur pofition fera telle, que l'axe paffera toujours par le centre C. & dans ce dernier cas le raïon de courbure, qui répond au fommet eft toujours plus grand, que la droite qu'on y mêne du centre C ($. 47.) De-là on exclut toutes les courbes qui n'ont qu'une feule afymtote, comme la logarithmique, toutes celles qui n'ont point les deux moities coupées par leur axe femblables, les courbes d'une dimenfion impaire &c. Par-contre on admettra les fections coniques, qui feront même les plus fimples, & qui ne laiffent pas d'avoir auffi, dans ce cas, des propriétés fort elégantes.

THÉORÊME XXII.

$. 53. *Les milieux reflant les mêmes, toutes les routes, dont le fommet eft à une diftance egale du centre C, ne differeront que de pofition.*

DÉMONSTRATION.

Car les couches des milieux etant fphériques & concentriques, il eft evident que de quelque côté que la lumiere y entre fous un même angle d'incidence, elle fubira les mêmes refractions & fe courbera dans tous les cas de la même maniere. Or comme la route de la lumiere dans le fommet de la courbe eft perpendiculaire au raïon, qu'on y mêne du centre C, il eft evident, que dès que ce

fom-

fommet fe trouve dans la même diftance du centre, toutes les refractions feront les mêmes, &
partant les routes ne differeront que de pofition;
en forte que leurs axes fe croiferont dans le centre C.

REMARQUE.

§. 54. Il en eft tout autrement, lorfque les fom-
mets feront à une diftance inégale du centre, ou
qu'ils fe trouvent dans des couches différentes.

COROLLAIRE I.

§. 55. Ainfi on déterminera toujours la même
courbe, en quelque point d'une couche qu'on fuppofe fon fommet, pourvu que la couche foit la
même.

COROLLAIRE II.

§. 56. Aïant donc donné de pofition une partie
d'une route A M, & le raïon de courbure qui répond à un de fes points M, on pourra fuppofer en
M le fommet d'une autre route, dont MC fera
l'axe, & la droite MS le raïon de courbure, qui
répond à ce fommet (§. 39.)

COROLLAIRE III.

§. 57. Si donc la conftruction de la route de la
lumiere ne dépend que d'une feule conftante, comme lorfqu'elle eft un cercle ou une parabole, il eft
evident, qu'une feule route etant conftruite, on en
trouvera toutes les autres, parceque cette conftante entre feule dans la détermination du raïon de
courbure à fon fommet.

C

REMARQUE.

§. 58. C'eſt ainſi que, ſi la route de la lumiere par les milieux eſt une parabole, on trouvera que la diſtance entre le centre des milieux C, & celui des raïons de courbure, qui répondent à leurs ſommets, eſt conſtante. D'où il ſuit, que le foïer des paraboles ne tombera ſur le centre des milieux C, que dans un ſeul cas. Mais ſi l'equation pour la trajeƈtoire AM a pluſieurs coefficiens, on n'en déterminera qu'un ſeul par ce Théorême. Les autres ſe définiront par les Théorêmes VI & XVI. pour chaque obliquité d'incidence, dès qu'ils ſeront donnés pour une ſeule. Car les equations qu'on trouvera ne différeront que par les coefficiens, ce qui peut ſe prouver, en comparant l'expreſſion univerſelle du raïon de courbure que l'on donne dans l'Analiſe des courbes, avec celle que nous avons donnée pour ceux de nos trajeƈtoires dans le Théorême XI. (§. 31.) Exprimons maintenant en termes analitiques les rapports de la courbe aux droites, qui y ſont appliquées.

PROBLÊME I.

§. 59. *Trouver l'equation différentielle pour les refraƈtions.*

SOLUTION.

Exprimant le raïon CA par l'unité, de forte que $CA = 1$, foit la diftance $CM = r$ l'angle $BAG = DAC = \gamma$, l'arc $AM = x$, $Mn = dx$.

$$TMC = \omega,$$
$$ACM = s, \quad MCm = ds$$
$$TGA = z, \quad TMt = dz$$

& le raïon de courbure $MR = R$.
la perpendiculaire $CT = v$, $ts = dv$

On aura $DC = $ fin. γ $DA = $ cof. γ
$$TC = v = r. \text{fin.} \omega, \quad TM = r. \text{cof.} \omega$$
ou $TM = \sqrt{(rr - vv)}$

Or l'angle TMt etant la refraction différentielle, on aura

$$dz = dv : \sqrt{(rr - vv)}$$
$$\text{ou} \quad dz = dv : r. \text{cof.} \omega$$
$$\text{ou} \quad dz = dv. \text{tang.} \omega : v$$

Qui font les equations, qu'il falloit trouver.

RÉ-

REMARQUE.

§. 60. Cependant ce ne font pas les feules, puif-que, par ex. on peut encore exprimer la refraction différentielle par le raïon de courbure. Car l'angle M R n etant egal à l'angle de refraction T M t, (§. 30.) on aura

$$dz = Mn : MR$$

Mais puifque $Mn = Mm : \text{fin. } \omega$

$$\&\quad Mm = MCm. \; MC = rds$$

En fubftituant l'equation fe transformera en

$$dz = rds : R \text{ fin. } \omega.$$

COROLLAIRE.

§ 61. D'où l'on déduit réciproquement le raïon de courbure $R = rds : dz \text{ fin. } \omega.$

THÉORÊME XXIII.

§. 62. *Le raïon de courbure* M R *eſt au raïon* C M *de la couche* M *comme la diſtance des deux couches* m n *à la différence des deux perpendiculai-res* t s.

DÉ-

DÉMONSTRATION.

Par le Théorême **XI.** (§. 31.) on aura

$$R : dx = r. \cos. \omega : dv$$

d'où l'on tire

$$R = r dx. \cos. \omega : dv$$

Mais
$$dx. \cos. \omega = dr$$
donc
$$R = r dr : dv.$$
& partant
$$R : r = dr : dv$$

REMARQUE.

§. 63. Cette Propriété du raïon de courbure est purement analitique, & a lieu à l'egard de chaque courbe rapportée à un point fixe C que l'on confidere comme un centre. Elle devient plus particuliere, en confiderant, que dans le cas prefent les perpendiculaires v font en raifon conftante du finus de l'angle TMC. Car on en déduit que pour la même couche le raïon de courbure R eft réciproquement comme ce finus. (§. 37.)

 THÉO-

THÉORÊME XXIV.

§. 64. *La longueur des perpendiculaires* C T, Ct *menées aux tangentes de la trajectoire* TM, tn *est en raison composée de la perpendiculaire* CD *menée à la droite, qui touche la trajectoire au point* A, & *du degré de refrangibilité des couches* M, n, *d'où les tangentes partent.*

DÉMONSTRATION.

Car T C est à D C en raison des finus de l'angle d'inclinaison & de l'angle brifé, lorfque la lumiere paffe immédiatement du milieu, qui est en la couche M, dans le milieu, qui est en A. (§. 12. 19.) or les couches reftant les mêmes, ce rapport est conftant (§. 1.); donc en ce cas la perpendiculaire C T est en raifon conftante de D C. Mais ce même rapport variant d'une couche à l'autre fuivant leur différent degré de refrangibilité, il est evident que les perpendiculaires C T, Ct feront en raifon compofée de D C & du degré de refrangibilité des couches M, n, d'où les tangentes TM, tn font tirées.

COROLLAIRE I.

§. 65. Puifque en rapportant les perpendiculaires C T, Ct à une même trajectoire, la droite C D est conftante & = fin. γ, il est clair que ces perpendiculaires dépendront chacune fimplement du degré de refrangibilité de leurs couches refpectives.

Corollaire II.

§. 66. Donc elles pouront être exprimées par une fonction des raïons des couches auxquelles elles se rapportent.

Corollaire III.

§. 67. Et en général en les rapportant à différentes trajectoires, elles seront comme cette fonction multipliée par le sinus de l'angle DAC.

Remarque.

§. 68. Cette qualité des perpendiculaires menées aux tangentes des trajectoires deviendra plus intéressante dans la suite. Appliquons maintenant ce que nous avons démontré jusqu'ici au cas qui existe dans l'athmosphere de la terre.

SECTION II.

Des Refractions Aſtronómiques, de la maniere de les déterminer par approximation
auſſi exaĉtement que l'on voudra, &
de leur rapport à divers autres Problêmes.

EXPOSITION DU CAS.

§. 69. IL ne s'agit ici que d'appliquer la 3e. figure à notre terre & à ſon athmoſphere. Soit dònc
C ſon centre & celui des couches de l'air: CA
le demi-diametre, le cercle tiré par A ſa ſurface, BM une couche de l'air, bn une autre, qui
lui eſt infiniment proche; nMA un raïon de lumiere qui y paſſe, & qui tombe en A: AJ ſa touchante en A, & JAB ſa diſtance apparente du
Zenith. Ceci poſé, les autres lignes ont la même ſignification & dénomination, que nous leur
avons données ci-deſſus (§. 30. 58.) Ainſi l'angle TGA ſera la refraĉtion que la lumiere ſouf-
fre en parcourant la partie MA de ſa route par
l'air, & ſi AM eſt la route entiere, cet angle ſera la refraĉtion totale.

Théorême XXV.

§. 70. Si Ab *repreſente toute la hauteur de l'atb=moſphere, le rapport entre les perpendiculaires* C t *&* C D *ſera le même qui eſt entre les ſinus de l'angle d'inclinaiſon &* de l'angle briſé*, lorſque la lumiere paſſe immédiatement du vuide dans l'air naturel, tel qu'il eſt à la ſurface de la terre.*

Démonstration.

Car AC eſt à D C en raiſon des ſinus de l'angle d'incidence & de l'angle briſé, lorſque la lumiere paſſe immédiatement du milieu qui eſt en n dans le milieu qui eſt en A (§. 12. 19.) or la ſurface b n etant à l'extrêmité de l'air, il eſt evident qu'au-deſſus de cette ſurface il n'y a d'autre milieu, que l'Ether, que l'on appelle vuide par rapport à un eſpace qui eſt rempli d'air. Et le milieu qui ſe trouve en A c'eſt l'air naturel, tel qu'il ſe trouve à la ſurface de la terre. Donc &c.

Remarque.

§. 71. Par les expériences, que Mr. Hawkbée a faites, & par ce que nous déduirons après cela des refractions aſtronomiques, on trouve, que ce rapport n'excede jamais celui de 3001 à 3000, & que par conſéquent la plus grande différence entre les perpendiculaires extrêmes C D, C t eſt toujours au-deſſous de la $\frac{1}{3000}$ partie de C D. Or les refractions horiſontales comme les plus grandes, n'etant gueres au-deſſus d'un demi-degré, il eſt evident que ſi en négligeant cette différence, ſa neglection influe proportionellement ſur les refrac-

tions,

tions, l'erreur qui en réfulteroit feroit toujours au-deffous d'une feconde. C'eft ce qui nous fournit le fuivant

THÉORÊME XXVI.

§. 72. *La refraction eft egale à une* $\frac{1}{6000}$ *partie de près à la différence de* DAM *&* *de* TM *divifée par* CD.

DÉMONSTRATION.

Par le Problême I. (§. 59.) nous avons

$$d z = \frac{d v}{\sqrt{(rr - vv)}}$$

Multipliez l'un & l'autre membre par v, ce qui fera

$$v d z = \frac{v d v}{\sqrt{(rr - vv)}}$$

Souftraïez-en de part & d'autre $r d r : \sqrt{(rr - vv)}$ & vous aurez

$$v d z - \frac{r d r}{\sqrt{(rr - vv)}} = \frac{v d v - r d r}{\sqrt{(rr - vv)}}$$

ou bien

$$v d z = \frac{r d r}{\sqrt{(rr - vv)}} - \frac{r d r - v d v}{\sqrt{(rr - vv)}}$$

Or

Or le membre r d r : $\sqrt{(rr - vv)}$ eſt egal à la différentielle de la trajectoire d x, donc

$$v\,dz = dx - \frac{r\,dr - v\,dv}{\sqrt{(rr - vv)}}$$

& en prenant l'intégrale il ſera

$$\int v\,dz = x - \sqrt{(rr - vv)} + \text{conſt.}$$

La Conſtante ſe trouve de ce qu'en faiſant $x = 0$, il doit être $\int v\,dz = 0$. Or en poſant $x = 0$, il ſera $r = 1$, $v = CD$, donc la conſtante $= \sqrt{1 - CD^2} = DA$, & partant

$$\int v\,dz = AM + DA - MT$$

Mais comme la perpendiculaire v ne varie que d'une $\frac{1}{3000}$ partie, en la conſiderant comme conſtante & egale à D C, on aura enfin la refraction

$$z = \frac{AM + DA - MT}{DC} = \frac{DM - MT}{DC}$$

Or il eſt evident qu'au lieu de DC. z il auroit fallu ſubſtituer pour $\int v\,dz$ le produit de z multiplié avec quelque perpendiculaire intermédiaire entre D C & C T, qui approcheroit fort de la moïenne, & qui par conſéquent ne l'excederoit pas de la $\frac{1}{6000}$ partie. Donc en faiſant $z = (DM - MT) : DC$ l'erreur qui s'y commet eſt au-deſſous de la $\frac{1}{6000}$ partie de la refraction.

COROLLAIRE I.

§. 73. Elle eſt donc au - deſſous d'une demi - ſeconde pour les refractions horiſontales , & deviendra tout à fait inſenſible pour celle des hauteurs
plus elevées.

COROLLAIRE II.

§. 74. Comme la courbure du raïon n'eſt que
d'un demi - degré tout au plus, on peut le re-
garder comme une ligne droite, & il eſt viſible,
que la refraction poura ſe trouver fort facilement
par ce Théorème , dès que le point M ſera
donné.

REMARQUE.

§. 75. Mais il faut qu'il ſoit donné exactement,
Car la poſition de la droite reſtant la même , la perpendiculaire C T & partant auſſi la tangente T M
ſera conſtante. De ſorte que la poſition du point
M ſur la ſurface M B variant, il n'y aura que la
longueur de l'arc A M qui variera, & comme la refraction eſt proportionnelle à la différence de D A M
& de T M, il eſt manifeſte, que cette différence
ſera plus ou moins grande, ſuivant que l'on changera la poſition de M. Au reſte ce Théorème comme divers autres, que nous expoſerons dans la
ſuite, n'eſt que pour faire voir de combien de manieres on peut enviſager un même objet. Car dès
que la poſition du point M pour chaque hauteur
des aſtres eſt donnée, on n'aura pas beſoin de ce
Théorème, qui ne donne qu'un à peu près, mais
les refractions pouront etre déterminées exactement
de

de plusieurs manieres, suivant ce que nous avons fait voir ci-dessus ($. 20. 21. 25. 26.)

Problême II.

$. 76. *Exprimer les refractions par une suite.*

Solution.

Par le Problême I. ($. 59.) on a

$$dz = dv : \sqrt{(rr - vv)}$$

Or en resolvant cette expression par la formule connue des binomes, on trouvera

$$dz = dv \left(\frac{1}{r} + \frac{1 \cdot v^2}{2 \cdot r^3} + \frac{1 \cdot 3 \cdot v^4}{2 \cdot 4 \cdot r^5} + \frac{1 \cdot 3 \cdot 5\, v^6}{2 \cdot 4 \cdot 6\, r^7} + \&c. \right)$$

Or la perpendiculaire v est en raison composée du sinus de l'angle D A C & d'une fonction de la hauteur C M ($. 67.) Faisant donc cette fonction $= P$, en sorte que $v = P.$ sin. γ. on aura $dv = dP.$ sinus γ, donc en substituant, la suite trouvée se transforme en

$$dz = \frac{dP}{r}. \text{ sin. } \gamma + \frac{1 \cdot P^2 dP}{2 \cdot r^3}. \text{ sin. } \gamma^3 + \frac{1 \cdot 3 \cdot P^4 dP}{2 \cdot 4 \cdot r^4}.$$
sin. $\gamma^5 + \&c.$

& en prenant les intégrales

$$z = \text{ sin.}$$

$$z = \text{fin. } \gamma . \int \frac{d\,P}{r} + \frac{\text{fin. } \gamma^3.}{2} \int \frac{P^2 d\,P}{r^3} + \frac{1.3.}{2.4.} \text{fin. } \gamma^5.$$
$$\int \frac{P^4 d\,P}{r^5} + \&c.$$

Or comme les intégrales de tous les termes de cette fuite dépendent fimplement de la hauteur de l'athmofphere, & qu'elles font indépendantes de l'angle γ, il eft evident qu'on peut les confiderer comme des coefficiens, & que par conféquent la conftitution de l'athmofphere reftant la même, les refractions qui répondent à chaque diftance des aftres du Zenith, feront exprimées par la fuite

$$z = A \text{ fin. } \gamma + \tfrac{1}{2} B. \text{ fin. } \gamma^3 + \frac{1.3}{2.4} C \text{ fin. } \gamma^5 + \&c.$$

dont les termes croiffent fuivant les puiffances impaires du finus de la diftance des aftres du Zenith.

REMARQUE.

§. 77. Cette fuite n'eft pas fort convergente, & il faut plufieurs termes, pour définir les refractions des hauteurs moins grandes.

Car la fonction P de même que le raïon r variant fort peu, toutes les intégrales feront affez peu différentes l'une de l'autre, de forte que la convergence des Coefficiens n'eft gueres plus grande que celle de la fuite 1, $\frac{1}{2}$, $\frac{1.3.}{2.4.}$ &c.

Afin donc de transformer la fuite trouvée en une autre, qui foit plus convergente, il faut exprimer les refractions par une fuite dont les termes procedent par les puiffances impaires des tangentes de l'angle γ. Ce qui peut toujours fe faire. On trouvera donc

$$z = A$$

$$z = A \text{ tang. } \gamma - \frac{1}{2} A \text{ tang. } \gamma^3 + \frac{1 \cdot 3}{2 \cdot 4} A \text{ tang. } \gamma^5 - \&c.$$

$$+ \frac{1}{2} B \text{ tang. } \gamma^3 + \frac{3 \cdot 2}{2 \cdot 4} B \text{ tang. } \gamma^5 + \&c.$$

$$+ \frac{1 \cdot 3}{2 \cdot 4} C \text{ tang. } \gamma^5 - \&c.$$

Or si tous les cœfficiens A, B, C, D, &c. etoient egaux entre eux, tous les termes de cette suite outre le premier s'anéantiroient, & on auroit

$$z = A. \text{ tang. } \gamma.$$

Mais comme ces conſtantes A, B, C &c. ne different que tres peu entre elles, il s'en ſuit, que cette ſerie eſt infiniment plus convergente que la précedente, puiſque le cœfficient du premier terme eſt le même dans l'une & dans l'autre ſuite, & que les tangentes d'un angle croiſſent bien plus fortement que les ſinus &c.

COROLLAIRE.

§. 78. On poura donc exprimer les refractions par la ſuite

$$z = a \text{ tang. } \gamma - b. \text{ tang. } \gamma^3 + c. \text{ tang. } \gamma^5 - \&c.$$

dont il faudra tres peu de termes, pour les définir, ſi on en excepte les plus horifontales, parceque la tangente de l'angle γ devenant alors fort grande, la ſuite deviendra divergente.

PRO-

PROBLÊME III.

§. 79. *Quelques refractions etant données, trou-*
ver toutes les autres, qui ne font pas les plus hori-
fontales.

SOLUTION.

Il ne faudra que fe fervir des refractions données,
pour déterminer les coefficiens de la fuite

$$z = a \ \text{tang.} \ \gamma - b. \ \text{tang.} \ \gamma^3 + c. \ \text{tang.} \ \gamma^5 - \&c.$$

ce que j'ai trouvé pouvoir fe faire le plus commodement de la façon fuivante.

1°. Egalez le premier terme a. tang. γ. à une
refraction, qui réponde a un angle γ. d'environ
40 à 45. degrés, ce qui donnera le coefficient a,
lequel etant fubftitué;

2°. Egalez les deux premiers termes à une refraction d'un angle γ plus grand, p. ex. d'environ
60 à 65 degrés, d'où vous définirez le fecond
coefficient b. lequel etant auffi fubftitué:

3°. Egalez les trois premiers termes à la refraction d'un angle γ encore plus grand, comme
d'environ 75 à 80 degrés, ce qui donnera le troifieme coefficient, & de cette maniere vous conti-
nuerez à déterminer les coefficiens des termes
fuivans.

REMARQUE.

§. 80. La raifon de cette opération confifte en ce que le coefficient de chaque terme fuivant eft trop petit pour qu'il puiffe influer fenfiblement dans la détermination des précedens, de forte qu'en choififfant bien les refractions ils pourront toujours être omis. Je vais maintenant en donner un exemple. Mais comme les refractions, telles qu'on les trouve en plufieurs traités, ont eté obfervées à différentes reprifes & par conféquent en différentes conftitutions de l'athmofphere, j'ai jugé que je ferois mieux en me fervant de la table de Mr. Dan. Bernoulli, qui fe trouve dans fon excellent traité de Hydrodynamique. Non, parcequ'elle réponde exactement aux obfervations, mais parcequ'elle eft calculée fur une hypothefe, qui fuppofe pour toutes les elévations des aftres une même conftitution de l'air, & que d'ailleurs elle ne laiffe pas que d'approcher de la vérité. Car notre fuite etant egalement applicable à tous les cas, il eft affez indifférent duquel je me ferve, dès qu'il a la condition que je viens de dire.

Voici

Voici la table, que Mr. Bernoulli donne.

γ	z		γ	z
90°	34′ : 53″		45	1′ : 3″
85	9 : 59		40	0 : 53
80	5 : 28		35	0 : $44\frac{1}{3}$
75	3 : 44		30	0 : $36\frac{1}{2}$
70	2 : 47		25	0 : $29\frac{1}{2}$
65	2 : 12		20	0 : 23
60	1 : 47		15	0 : 17
55	1 : 29		10	0 : $11\frac{1}{4}$
50	1 : 15		5	0 : $5\frac{1}{2}$
45	1 : 3		0	0 : 0

EXEMPLE.

§. 81. Nous choisirons de cette table les trois refractions suivantes

$$\begin{array}{cc} \gamma & z \\ 45°. & 63''. \\ 60. & 107. \\ 80. & 328. \end{array}$$

D'où l'on aura pour le premier coefficient

$$a.\ \text{tang. } 45°. = 63.$$
$$a = 63.$$

pour le second

$$63.\ \text{tang. } 60° - b(\text{tang. } 63°)^3 = 107$$

d'où

d'où l'on tire

$$\flat = 0,408.$$

& pour le troisieme

$$63 \, (\text{tang. } 80°) - 0,408 \, (\text{tang. } 80°)^3 + c \, (\text{tang. } 80)^5$$
$$= 328.$$

d'où on aura

$$c = 0,011$$

& partant pour les refractions de tous les angles γ, qui sont au-dessous de 80 degrés

$$z = 63. \, \text{tang. } \gamma - 0,408 \, \text{tang. } \gamma^3 + 0,011 \, \text{tang. } \gamma^5.$$

Ainsi p. ex. pour l'angle, $\gamma = 70°$, on trouvera

$$z = 173,1 + 1,7 - 8,4 = 166,''4$$

ou

$$z = 2',46\tfrac{1}{2}''$$ ce qui ne differe que d'une demie-seconde de la valeur $2',47''$ que la table donne pour cet angle.

Théorême XXVII.

§. 82. *En prenant une couche quelconque* B M *&*
sa distance C M *du centre comme constante, la re-*
fraction astronomique poura être exprimée par une
suite, dont les termes procedent suivant les dimen-
sions impaires de l'angle T M C *ou de son sinus ou*
de sa tangente, ou suivant les puissances paires de
son cosinus ou de sa cotangente.

D 2 DÉ-

DÉMONSTRATION.

La couche reſtant la même dans tous les cas le ſinus de l'angle T M C ſera dans un rapport conſtant au ſinus γ de l'angle D A C (§. 17.) Faiſant donc l'angle T M C $=$ E, & m ſin. E $=$ ſin. γ. Or en ſubſtituant m ſin. E pour ſin. γ dans la ſuite que nous avons trouvée (§. 74.) on aura

$$z = A\,m\,\text{ſin. E} + {}^{1}B\,\text{ſin. E}^{3}.\,m^{3} + \&c.$$

D'où l'énoncé du Théorême eſt evident par rapport au ſinus de l'angle E. On en trouvera de même la vérité pour la tangente, le coſinus &c. en exprimant leur valeur par ſin. E ſuivant les principes de la Cyclometrie.

COROLLAIRE.

§. 83. De-là il ſuit que les ſeries, que l'on trouve pour les refractions totales, ne different de celles pour les refractions partiales, qui ſe font entre deux couches quelconques, qu'à l'egard des coefficiens. Ainſi aïant pour les refractions totales la ſuite (§. 76.)

$$z = a\,\text{tang. }\gamma - b\,\text{tang. }\gamma^{3} + c\,\text{tang. }\gamma^{5} - \&c.$$

On aura pareillement pour les refractions entre les deux couches A & M

$$z = \mu.\,\text{tang. }\gamma - \nu.\,\text{tang. }\gamma^{3} + \pi.\,\text{tang. }\gamma^{5} - \&c.$$

& pour celles entre deux autres couches quelconques

$$z = m\,\text{tang. }\gamma - n\,\text{tang. }\gamma^{3} + \&c.$$

RE·

REMARQUE.

§ 84. Le moïen, dont je me suis servi, pour trouver ces suites & pour les appliquer aux refractions d'une maniere universelle & indépendante de toute hipothese particuliere, consiste en ce que j'ai taché de séparer le sinus de l'angle γ, qui entre dans la différentielle dv : $\sqrt{(rr - vv)}$ & particulierement dans le signe radical, des autres quantités, qui dépendent uniquement de la hauteur des couches, & qui en sont une fonction. De sorte que l'intégration ne pouvant s'absoudre universellement, le sin. γ en soit entierement séparé, & qu'on puisse traiter l'intégrale de constante. Il ne m'a pas eté possible de l'effectuer par une expression finie, ni même par une de celles, que l'on nomme imaginaires, & dont on a trouvé plusieurs pour la multisection des arcs circulaires, comme pour divers autres cas. Mais en recourant à des suites infinies on trouvera facilement encore plusieurs manieres de s'en servir pour exprimer les refractions.

PROBLÊME IV.

§. 85. *La position du point* G, *qui est celui de l'intersection des tangentes* A J, T M, *& le rapport entre le sinus d'inclinaison & celui de l'angle brisé, lorsque la lumiere entre immédiatement de l'air qui est en* M *dans celui qui se trouve en* A, *etant donnés, trouver la refraction, que la lumiere souffre en parcourant la route* M A.

SOLU-

SOLUTION.

Le rapport entre le finus d'inclinaifon & celui de l'angle brifé, lorfque la lumiere paffe immédiate- ment de l'air qui eft dans la couche M, dans celui qui eft en A, eft egal au rapport entre les perpen- diculaires CD, CT. (§. 12. 13. 14.) comme etant les finus des angles DGC, TGC, fi l'on regarde la droite CG comme le raïon. Or la pofition du point G etant donnée, on aura l'an- gle AGC, dont le finus fera au finus de l'angle TGC dans le rapport que nous venons de dire. Mais ce rapport etant donné auffi, on en tirera le finus de l'angle TGC & partant l'angle TGC, dont on fouftraira l'angle DGC, & l'on aura la refraction TGD, qu'il falloit trouver.

COROLLAIRE.

§. 86. Si donc on fuppofe les deux couches A & M les mêmes, & que la pofition du point G eft donnée pour chaque diftance du Zenith, il ne fau- dra qu'une feule refraction, pour déterminer le rapport entre les perpendiculaires CD, CT. le- quel etant conftant pour tous les angles BAG (§. 19.) on en trouvera enfuite toutes les autres refractions.

RE-

Remarque I.

§. 87. Comme ce Problême & son Corollaire a lieu pour des couches quelconques, il est evident que le cas pour les deux extrêmes y est aussi compris & que par ce moïen les refractions astronomiques se détermineront pareillement, si la position des points G etoit donnée.

Remarque II.

§. 88. Nous avons déja observé (§. 16.) que les points G ne sont pas egalement distans du centre C. Car si cela etoit, les refractions astronomiques pouroient être trouvées exactement dans l'hypothese de la refraction rectiligne. Comme cependant cette hypothese satisfait assez bien aux observations pour des hauteurs plus grandes, il s'en suit de-là, que les points G se trouvent sur une courbe, qui ne laisse pas que d'être assez circulaire, & que la hauteur de l'athmosphere, qu'on croïoit avoir trouvée dans cette hypothese, n'est autre chose que la distance du point G de la surface de la terre, qui est bien des fois plus petite, que sa distance de l'extrêmité de l'air, puisque la courbure de la trajectoire proche de la surface de la terre excede de beaucoup celle qu'elle a dans les couches supérieures de l'air.

Remarque III.

§. 89. Cette propriété du point G nous fournit encore un moïen d'examiner l'exactitude des réfractions obfervées. Car aïant une refraction, qui réponde à un angle D A C quelconque, on fera l'angle D C T egal à cette refraction, & la proportion entre les perpendiculaires D C & T C connue & conftante, donnera la diftance C T, de laquelle il faut fouftraire C V $=$ D C. fec. z, pour avoir T V. Or faifant T G $=$ T V. cot. z ou bien V G $=$ T V. cofec. z, on déterminera la pofition du point G. Si donc on la trouve auffi pour les autres refractions obfervées, tous ces points doivent fe trouver dans une ligne courbe, qui differe fort peu d'un arc de cercle, dont le centre eft fur la droite C A. Mais pour peu qu'il y ait de l'erreur dans les refractions, ces points G feront extrêmement eloignés de la courbe, dans laquelle ils devroient être, puifque la diftance T G varie en raifon de la cotangente de l'angle de refraction, & par conféquent fort rapidement, & d'autant plus, que la refraction, & par conféquent la diftance apparente du Zenith feront plus petites. Mais en invertant le cas, on poura déterminer fort exactement les refractions répondantes à des elevations des aftres tant foit peu confiderables, p. ex. d'au-deffus de 10 ou 15 degrés, fans qu'il foit néceffaire de connoitre exactement la pofition des points G.

Remarque IV.

§. 90. Comme la Solution du Problême, auſſi bien que l'examen des refractions obſervées dépend du rapport entre les perpendiculaires CD, CT. on poura le déterminer moïennant une refraction, qui réponde à une hauteur moïenne, c'eſt à dire, d'environ 45 degrés. Car puiſque la diſtance du point G de la ſurface de la terre eſt tres petite, & que pour ces hauteurs il eſt indifférent de la prendre un peu plus ou moins grande, on poura ſuppoſer que le point G tombe en A, ce qui donne l'analogie ſuivante

$$CD : CT = \text{ſin. } \gamma : \text{ſin. } (\gamma + z)$$

ou

$$CD : CT = 1 : (\text{coſ. } z + \text{cot. } \gamma . \text{ſin.} z)$$

Problême V.

§. 91. *Le rapport entre les deux perpendiculaires extrêmes* CD, CT *& deux refractions peu eloignées des horiſontales etant données, trouver toutes les autres.*

SOLUTION.

Comme la courbe, qui paffe par tous les points G ne differe que fort peu d'un arc circulaire dont le centre fe trouve fur la droite A C qui paffe par le centre de la terre & par le lieu d'obfervation à fa furface ; il eft evident qu'en fubftituant pour cette courbe un arc de cercle, il n'en faudra avoir que deux points donnés de pofition, pour pouvoir tracer cet arc de cercle. Or la proportion entre les perpendiculaires C T, C D & deux refractions etant données, on trouvera deux diftances A G pour deux angles B A G, de la maniere que nous avons fait voir dans la troifieme Remarque jointe au Problème précedent (§. 89.)

Fig. 4.   Soit donc A le lieu de l'obfervation, G, g les deux points donnés, Q B g G le cercle qui paffe par ces deux points, & dont le centre eft fur la droite verticale A E en C.

Faifons
l'angle $BAg = \gamma$ la droite $Ag = a$
$BAG = f.$ $AG = A$
          & $AC = x$

Prolongez les droites A g, A G en q, Q, & menez-y les perpendiculaires C p, C P. & vous aurez

$$AP = x \cdot \text{cof.} \, f$$
$$Ap = x \cdot \text{cof.} \, \gamma$$

d'ou l'on tire

$$AQ = 2x \cdot \text{cof.} \, f + A$$
$$Aq = 2x \cdot \text{cof.} \, \gamma + a$$

or par la nature du cercle

$$AQ. AG = Ag. Aq.$$

donc

$$2x A \cos. \Gamma + AA = 2x a. \cos. \gamma + aa$$

& partant

$$x = \frac{AA - aa}{2(a. \cos. \gamma - A. \cos. \Gamma)}$$

Si l'angle Γ eſt 90°, on aura

$$x = \frac{AA - aa}{2a. \cos. \gamma} = \frac{(A + a). (A - a)}{2a. \cos. \gamma}$$

Aïant donc trouvé la diſtance du centre C de la ſurface A, on poura tirer le cercle BG. Mais comme dans ce cas il faut préferer le calcul à la conſtruction, il faudra encore trouver la diſtance BA pour avoir le raïon BC.

Or par la nature du cercle on a

$$BA. AE = AQ. AG.$$

d'où l'on déduit

$$BA (2AC \mp BA) = AQ. AG$$

& par conſéquent

$$BA = -AC + \sqrt{(AC^2 + AG. AQ)}$$

&

$$CB = \sqrt{(AC^2 + AQ. AG)}$$

Ce qui etant trouvé, on trouvera après cela la diſtance A g pour chaque angle γ. Car puiſque

$$Ag.\ Aq = AB.\ AE$$

&

$$Aq = Ag + 2AC.\ \mathrm{coſ.}\ \gamma$$

on aura

$$Ag^2 + 2Ag.\ AC.\ \mathrm{coſ.}\ \gamma = AB.\ AE$$

d'où l'on tire

$$Ag = -AC.\mathrm{coſ.}\gamma + \sqrt{(AB.\ AE + AC^2.\mathrm{coſ.}\gamma^2)}$$

Fig. 3.   Or la diſtance AG etant connue, on aura

$$GD = AG + \mathrm{coſ.}\ \gamma$$
$$DC = \mathrm{ſin.}\ \gamma$$

&

$$CG = \sqrt{(AG^2 + 2AG.\mathrm{coſ.}\gamma + 1)}$$

Et la refraction ſe trouvera par le Problême précedent.

Ou bien faiſant $\dfrac{CT - CD}{CD} = n$, on trouvera

$$z = \frac{DG - \sqrt{(DG^2 - 2n.DC^2)}}{DC}$$

Et pour les angles γ, qui ſont plus petits, il ſuffira de faire

$$z = \frac{n.DC}{DG}$$

R E M A R Q U E.

§. 92. Le fondement de cette Solution consiste en ce que nous avons supposé, que la courbe, qui passe par les points G, ne diffère presque point d'un arc circulaire, lequel par conséquent pouroit lui être substitué. Mais comme la position des points G est assez arbitraire pour les angles γ, qui sont plus petits, il suffira de prendre un arc de cercle, qui passe par les points G répondans aux refractions, qui sont proches de l'horison. Nous eclaircirons maintenant cette méthode par un Exemple, en prenant derechef les refractions de la table de M. Bernoulli par la raison, que nous en avons alleguée ci-dessus (§. 80.)

E X E M P L E.

§. 93. Pour trouver premierement le rapport entre les perpendiculaires CD, CT, nous choisirons la refraction 63″, qui répond à l'angle $\gamma = 45°$. d'où nous tirerons (§. 90.)

$$CD : CT = 1 : (\text{cof. } 63'' + \text{fin. } 63'')$$

donc

$$CD : CT = 1 : 1{,}0003054$$

& partant $\eta = 0{,}0003054$.

Ce qui etant fait, nous prendrons de la table les deux refractions pour les angles

$$\left\{ \begin{array}{ll} = 90° & 2 = 34' : 53'' \\ \gamma = 85 & 2 = 9 : 59 \end{array} \right.$$

desquelles , suivant la méthode donnée ci-deſſus
(§. 89.) ou moïennant la formule

$$AG = (\eta.\text{coſec. } z + \text{tang. } \tfrac{1}{2} z)\, DC - AD$$

on aura pour le premier cas

Fig. 4. $AG = 0,0351 = A.$

pour le ſecond

$$Ag = 0,0191 = a$$

& partant

$$AC = x = \frac{(A+a).(A-a)}{2\,a.\,\text{coſ. }\gamma} = 0,2605$$

d'où nous voïons, que la diſtance A C eſt à peine la quatrieme partie du demi-diametre de la
terre, & que par conſéquent l'arc B G n'eſt que de
8 degrés.

Or A C etant trouvé, on aura de même par la
formule

$$BA = - AC + \sqrt{(AC^2 + AG^2)}$$

$$BA = 0,00235.$$
$$CB = 0,26285.$$
$$AE = 0,52335.$$

de ſorte que la hauteur B A eſt environ de deux
lieuës d'Allemagne.

Ces quantités une fois déterminées ſerviront de
données pour trouver telle refraction, que l'on
voudra. Car moïennant la formule

$$Ag = - AC.\text{coſ. } \gamma + \sqrt{(AB.AE + AC^2 \text{coſ. } \gamma^2)}$$

en

en y fubftituant les valeurs trouvées, on aura pour chaque diftance A g

$$A\,g = -0,2605.\,\text{cof.}\gamma + \sqrt{(0,000123 + 0,06786.\,\text{cof.}\gamma^2)}$$

&

$$z = (D\,G - \sqrt{(D\,G^2 - 2\,n.\,D\,C^2)}) : D\,C$$

Par ex. pour l'angle $\gamma = 80^\circ$. on trouvera par la premiere de ces equations $A\,g = 0,00133$.

& par la feconde $z = 0,00169$. Ce qui etant converti en minutes & en fecondes, donnera

$5' : 28''$. pour la refraction, précifément comme on la trouve dans la table.

R E M A R Q U E.

§. 94. Comme les refractions, que l'on met pour bafe en cette méthode, doivent être fort exactes, il eft à propos de les examiner de la maniere que nous avons indiquée (§. 89.) avant que de s'en fervir pour trouver les autres.

Car par-là on s'appercevra tres facilement, fi elles font trop grandes ou trop petites & on fera en etat de les corriger affez exactement. Il faudra le faire de meme lorfqu'on voudra fe fervir des fuites, que nous avons trouvées. Au refte ces methodes etant fi exactes & applicables à tous les etats de l'athmofphere, il eft evident, que par ces moïens on poura porter les obfervations aftronomiques, qui dépendent des refractions, à une tres grande précifion.

Car il ne faudra qu'obferver quelques refractions dans le tems même qu'on les fait, pour en déduire celles que l'on cherche.

SEC-

SECTION III.

Des refractions circulaires, de leur ufage pour la détermination des refractions terref-tres : & de divers autres Problêmes dépendans des Refractions tant aftronomiques que terreftres.

PROBLÊME VI.

§. 95. *Déterminer les refractions, dans l'hypothe-fe des trajectoires circulaires.*

SOLUTION.

Fig. 5. Soient A J, B H deux couches d'un milieu dans lequel la lumiere eft brifée de la forte qu'elle y décrive des arcs de cercle. Soient A g G, A h H deux de ces arcs, qu'elle y décrit, E & F leurs centres. Joignez les points A, G, F, & A, H, E pour avoir les triangles A G F, & A H E, & par A & le centre C menez la Verticale B D. & par les centres F, E la droite F E prolongée jufqu'en D, & les lignes tirées auront entre elles les rapports fuivans.

1°. F D eft perpendiculaire à B D (§. 38. 39.)

2°. Les centres de tous les autres arcs, que la lumiere parcourt fe trouveront fur la droite F D.

3°. La

3°. La refraction en A h H sera $=$ AEH & pareillement celle en A g G $=$ AFG.

4°. Les raïons AE, AF feront en raifon des cofécantes des diftances du Zénith. (§. 38.)

5°. Donc les refractions feront en raifon directe des arcs parcourus, & en raifon réciproque de la cofécante des diftances du Zénith, & par conféquent comme les finus de cette diftance multipliés par la route parcourue.

COROLLAIRE I.

§. 96. Si la courbure de la route eft fort petite, comme elle l'eft dans le cas où nous allons appliquer le Problême prefent, on poura lui fubftituer la chorde foutendante, & au lieu de l'angle g A B on prendra l'angle G A B.

COROLLAIRE II.

§. 97. Abaiffant donc la perpendiculaire GK fur AB, on aura GK $=$ AG. fin. GAB, d'où il fuit, que les refractions feront en raifon conftante des perpendiculaires

GK. (§. 95. n. 5.)

REMARQUE I.

§. 98. Comme les refractions dans l'hypothefe de la trajectoire circulaire, font en raifon des arcs parcourus, multipliez par les finus de la diftance du Zénith (§. 95.) & l'expreffion différentielle des arcs en général etant $= dx = rdr : \sqrt{(rr - vv)}$, on aura pour les refractions circulaires

$$dz = m \operatorname{fin.} \gamma . \, rdr : \sqrt{(rr-vv)}$$

Mais il eft en général (§. 59.)

$$dz = dv : \sqrt{(rr - vv)}$$

d'où l'on tire

$$m \operatorname{fin.} \gamma . \, rdr = dv$$

& en prenant les intégrales

$$\tfrac{1}{2} m \operatorname{fin.} \gamma \, rr = v$$

$$\tfrac{1}{2} m . \, rr = \frac{v}{\operatorname{fin.} \gamma}$$

Fig. 3. Ce qui nous fait voir, que le rapport entre les perpendiculaires C D, C T croît en raifon conftante du quarré du raïon C M, & par conféquent affez uniformement pour des couches du milieu, qui ne font pas fort eloignées l'une de l'autre.

RE-

REMARQUE II.

§. 99. En appliquant le second Corollaire aux refractions astronomiques, j'ai trouvé qu'on peut les déterminer affez exactement, bien que la hauteur de l'athmofpere, que l'on trouve en ce cas, foit auffi peu la véritable, que celle qu'on trouve dans l'hypothefe des refractions rectilignes (§. 88.)

REMARQUE III.

§. 100. Comme les objets terreftres, fur lesquels on peut remarquer quelque refraction, font fort peu elevés, & que la diftance, dans laquelle on peut encore les voir, n'eft tout au plus que de deux ou trois degrés de la furface de la terre; il s'en fuit que la partie de la trajectoire pour les objets terreftres eft tres petite & que fans aucune erreur fenfible on poura lui fubftituer un arc de cercle, dont le raïon eft le raïon de courbure de la trajectoire, cet arc de cercle etant celui, qui approche le plus de tous de la veritable courbe. Mais pour faire voir, que cette hypothefe doit être néceffairement tolérable, il faut confiderer que la courbure de l'arc, qu'on fubftitue, egale toujours la refraction, laquelle n'etant pour les objets terreftres les plus eloignés, que tout au plus de 8 ou 10-minutes, il eft evident, que la déviation ne fauroit être plus grande, que celle du cercle ofculateur de la courbe à une diftance de 8 ou 10-minutes du point d'atouchement, de forte que fi cette déviation devoit être fenfible, il faudroit que la courbure de la trajectoire crût ou décrût avec une viteffe extrême, ce qui eft contre toute experience. Ainfi nous fommes en droit de fuppofer que la route de la lumiere dans deux couches affez voifines, eft circulaire.

 RE-

Remarque IV.

§. 101. Cette hypothese etant une fois etablie comme infiniment approchante de la vérité, nous allons l'appliquer aux différens cas, qui dépendent des refractions terrestres. Il s'agit, avant toutes choses, de déterminer la droite AC, que nous appellerons le *raïon horifontal*, lequel etant trouvé, tous les autres AE, AF le feront auffi. Car ils font comme les fécantes des elevations apparentes des objets au-deffus de l'horifon. Emploïons premierement les obfervations, qu'on peut faire fur les objets terreftres, & après nous nous fervirons auffi des refractions aftronomiques, pour le déterminer.

Fig. 5.

Problême VII.

Fig. 6.

§. 102. *Soient A, B deux endroits, dont on connoit BD ou l'elevation de l'un au-deffus de l'autre, & les angles GAH, FBC, que les tangentes de la route de la lumiere à fes deux extrêmités forment avec les droites CA, CB tirées du centre de la Terre C, trouver le raïon horifontal, la refraction aux deux endroits, & leur diftance.*

S o-

Solution.

La route de la lumiere pouvant être regardée comme circulaire (§. 100.) le Problême fe réduit au fuivant, qui eft purement géométrique.

Deux cercles AD, HB *etant donnés de pofition & concentriques, trouver un troifieme, qui les coupe fous des angles donnés.*

Que ce cercle foit AB, fon centre R, tirez les raïons AR, BR, & du centre C menez-y des perpendiculaires CP, CQ. Ce qui etant fait foit

l'angle GAH $= \gamma$ le raïon AC $= 1$
       FBC $= \omega$ CR $= r$
                    AR $= x =$ BR.

d'où on aura

CP $=$ cof. γ.   CQ $= r.$ cof. ω
AP $=$ fin. γ.   BQ $= r.$ fin. ω
PR $= x -$ fin. γ QR $= x - r.$ fin. ω.

Joignez les centres C, R par la droite CR qui fera l'hypothénufe des deux triangles reċtangles CPR, CQR, ce qui donne

$$CP^2 + PR^2 = CQ^2 + QR^2.$$

& en fubftituant les valeurs trouvées

$$\text{cof. } \gamma^2 + (x - \text{fin. } \gamma)^2 = r^2. \text{cof.} \omega^2 + (x - r. \text{fin.} \omega)^2$$

d'où l'on obtient

$$x = \frac{(r + 1).(r - 1)}{2(r. \text{fin.} \omega - \text{fin.} \gamma)}$$

E 3   Cette

Cette equation détermine le raïon A R. Prolongez la verticale A C & abaissez-y la perpendiculaire R E , & A E sera le raïon horisontal (§. 38. 39.) , qui soit $=$ R, & on aura

$$R = x. \text{sin.} \, \gamma. = \frac{(rr - 1)\text{sin.} \, \gamma}{2(r\text{sin.} \, \omega - \text{sin.} \, \gamma)}$$

De-là on trouvera de plus

$$CE = R - 1$$
$$ER = x. \text{cos.} \, \gamma$$
$$CR = \sqrt{(xx - 2x. \text{sin.} \, \gamma + 1)}$$

$$\text{cot.} \, ECR = EC : ER$$
$$\text{sin.} \, CBR = x. \text{cos.} \, \omega : \sqrt{(x^2 - 2x \text{sin.} \, \gamma + 1)}$$

d'où enfin on aura l'angle A C B , qui donne la distance horisontale des deux endroits, & de-là l'angle A g F , qui est le double de chaque refraction terrestre.

E x e m p l e I.

§. 103. Mr. Cassini a observé au pied du clocher à Massanne la dépression apparente de la surface de la mer, & la trouva de 50', 20". & la hauteur de la Tour au-dessus du niveau de la mer de 408¼ toises. D'où il a eté

$$\gamma = 90^\circ. \qquad\qquad AC = 1$$
$$\omega = 89, 9', 40". \qquad CB = 1,000125 = r$$

Ces valeurs etant substituees dans la formule

$$x = \frac{rr - 1}{2(r. \text{sin.} \, \omega - \text{sin.} \, \gamma)}$$

on

on trouve

$$x = 7{,}06 = R.$$

De sorte que le raïon horifontal etoit sept-fois plus grand que celui de la terre.

EXEMPLE II.

§. 104. Dans une autre obfervation , que Mrs. les Académiciens de Paris ont faite, A etoit la Tour à Aigues-mortes, B le fommet de la montagne les Houpies, & l'angle

$$\gamma = 89^\circ, \ 15', \ 19''$$
$$\omega = 89, \ \ 19, \ 40.$$
$$ACB = \ 0, \ \ 35, \ 36.$$

donc

$$FgA = \ 0, \ \ 4, 57 = z.$$

Or dans cet exemple tous les angles font donnés, & le raïon AB etant fort horifontal, on trouvera

$$x = R = \frac{ACB}{FgA} = 7{,}02.$$

Ce qui ne differe que fort peu de la valeur trouvée du premier exemple, & fait voir que la conftitution de l'air etoit affez egale dans l'un & l'autre cas.

REMARQUE.

§. 105. On voit bien, qu'il y a encore plusieurs autres manieres de trouver le raïon horisontal, suivant les différentes combinaisons des parties, qui peuvent déterminer la position & le diamêtre de l'arc circulaire AB. Mais comme on n'est pas toujours à même de faire les observations requises, il sera peut-être plus utile de se servir des refractions astronomiques, d'autant plus qu'on peut les observer beaucoup plus commodément, que celles qui ont lieu pour les objets terrestres.

PROBLÊME VIII.

§. 106. *Trouver le raïon horisontal moïennant les refractions astronomiques.*

SOLUTION.

Fig. 7. Soit A H un raïon de lumiere, continué en h. A G un autre infiniment proche du premier, & pareillement continué en g. L'angle hAC = γ. l'angle gAC = γ — dγ. la refraction astronomique pour le raïon AH = z, celle pour le raïon AG = z — dz. Du centre de la terre C tirez la droite Cg en sorte que l'angle gCA soit = dγ. Cette droite coupera le raïon Ag sous le même angle, que la verticale AC coupe le raïon AH, & un spectateur, qui se trouveroit en g verroit un astre par le raïon gAG egalement distant de son Zénith, que le spectateur en A voit un autre par le raïon AH du sien. Soit le raïon de courbure AE = gE, & la refraction de la petite partie Ag de la trajectoire sera = Ag : AE,

donc

donc la refraction aftronomique de l'aftre G. vu
en g fera $= z - dz + Ag : AE$. Mais l'ele‑
vation apparente des deux aftres aux deux endroits
refpectifs etant la même, & les deux raïons g G,
h H n'etant eloignés l'un de l'autre qu'infiniment
peu, il eft clair que les refractions refpectives aux
deux endroits feront en raifon de la force refrin‑
gente en A & g, Faifant donc celle en A $= 1$,
celle en g $= 1 + dv$. on aura

$$\left(z - dz + \frac{Ag}{AE}\right) : z = (1 + dv) : 1$$

donc

$$zdv + dz = \frac{Ag}{AE}$$

Mais

$$AE = AD. \text{cofec. } \gamma.$$

&

$$AK = d\gamma$$

donc

$$Ag = d\gamma. \text{cofec. } \gamma$$

de - là en fubftituant

$$zdv + dz = d\gamma : AD.$$

or la différence Kg etant infiniment petite, d v
fera proportionelle à Kg, faifant donc

$$dv = m. Kg, \text{ on aura, à caufe de } Kg = d\gamma. \text{cot. } \gamma$$

$$d\gamma. m z \text{cot.} \gamma + dz = d\gamma : R$$

d'où l'on tire

$$R = \frac{d\gamma}{m z d\gamma. \text{cot.} \gamma + dz}$$

Or

Or pour les refractions horifontales, comme les plus propres à ce fujet, on a $\gamma = 90°$, cot. $\gamma = 0$, & par conféquent

$$R = d\gamma : dz$$

Fig. 8. Conftruifez une courbe B M telle, que les abfciffes A P reprefentent les hauteurs apparentes des aftres, & les ordonnées P M les refractions répondantes. Tirez la touchante B T au point B, & le raïon horifontal fera à celui de la terre comme A T à A B. D'où l'on voit, que quelques refractions horifontales etant données, on poura conftruire le commencement de la courbe B M, qui fuffira, pour trouver la pofition de la tangente B T. Mais les refractions, dont on fe fervira, doivent être bien exactes.

AUTREMENT.

Fig. 9. §. 107. Soit D B un cercle dont le centre eft C. Prenez fur la verticale B C un point A, tel qu'en faifant l'angle M A B $= \gamma$, & abaiffant la normale M Q fur C B, elle foit en raifon de la refraction, qui répond à l'angle γ. çe qui poura fe faire avec une exactitude fuffifante (§. 99.) d'autant qu'il ne faut accommoder le cas qu'aux refractions les plus horifontales. Erigez en A la perpendiculaire A D, qui fera en raifon de la refraction horifontale, de forte que $A D = nz$. tirez une parallele P R infiniment proche de A D, & joignez A & P par la droite A P, de même que les points C, P, D par les droites P C, D C. Enfin abaiffez P p fur A D perpendiculairement, & faites l'angle P A D $= d\gamma$, & vous aurez

$$PR = n(z - dz)$$
$$pD = ndz$$
$$CA : AD = pD : Pp$$

donc

donc

$$Pp = \frac{n^2 z\, dz}{CA}$$

Mais

$$Pp = AP.\, d\gamma = n z\, d\gamma$$

donc

$$n z\, d\gamma = n^2 z\, dz : CA$$

& partant

$$d\gamma : dz = n : A C$$

Mais par la Solution précedente $d\gamma : dz = R$
donc

$$R = n : A C$$

Or n & A C font donnés, & partant R auffi.

THÉORÊME XXVIII.

§. 108. *La refraction terreftre eft à l'angle, que fait l'objet avec le lieu de l'obfervation au centre de la terre, comme le raïon de la terre au double raïon horifontal.*

DÉMONSTRATION.

Soit A l'endroit de l'obfervation, B l'objet, AB *Fig. 6* la trajectoire de la lumiere, ou un arc de cercle, qu'on peut lui fubftituer, A R = B R fon raïon, A E le raïon horifontal, & aiant tiré les tangentes A G, B F, qui fe coupent en g, l'angle F g A = A R B fera le double de la refraction terreftre en A ou B. Donc cette refraction fera = ½ A R B = ½ A B : A R. Mais faifant l'angle de la diftance apparente de l'objet du Zénith = γ = G A H,

on

on aura ÀR $=$ AE. cofec. γ. $=$ R. cofec. γ, & la refraction $\zeta = \frac{1}{2}$. AB : R. cofec. γ. Mais la diftance AB etant fort petite, il fera à tres peu pres AB $=$ AD. cofec. γ. donc en fubftituant cette valeur, on trouvera $\zeta = \frac{1}{2}$ AD : R, & partant

$$\zeta : ACD = 1 : 2 R.$$

COROLLAIRE.

§. 109. Ainfi le raïon horifontal etant $= 7$, la refraction terreftre fera la quatorzieme partie de l'angle ACD de la diftance horifontale de l'objet B.

THÉORÊME XXIX.

§. 110. *Tous les Objets, qui fe trouvent fur une même verticale DG etant vus d'un même endroit A, paroiffent plus elevés d'un même angle moïennant la refraction.*

DE'MONSTRATION.

Car l'angle de refraction dépend uniquement de l'angle ACD, auquel elle eft proportionelle (§. 108.) Or cet angle eft le même pour tous les objets, qui font fur la droite verticale DG. Donc &c.

THÉO-

THÉORÊME XXX.

§. 111. *La grandeur apparente des objets, qui se trouvent sur une même verticale* BD, *& qui sont vus d'un même endroit* A *par des raïons visuels brisés, est la même, qu'elle seroit sans la refraction.*

DEMONSTRATION.

La grandeur apparénte est la différence entre les elevations apparentes. Or la refraction augmentant ces elevations d'un même angle (§. 110.) il est evident, que leur différence sera toujours la même. Donc &c.

THÉORÊME XXXI.

§. 112. *La refraction terrestre croit en même raison que la distance horisontale.*

DEMONSTRATION.

Elle n'est qu'une application du Théorême XXVIII.

REMARQUE I.

§. 113. Il faut bien observer, que c'est l'angle de refraction & non la distance G B, pour laquelle l'objet B paroit plus elevé. Car cette distance croit comme le quarré de la distance horisontale multiplié par la secante de l'elevation apparente au-dessus de l'horison.

RE-

Remarque II.

§. 114. La refraction terreſtre n'etant qu'environ la quatorzieme partie de la courbure de la terre, ou de l'angle A C B, il eſt evident, qu'on ne ſauroit faire abſtraction de cette courbure lorſqu'on veut déterminer les refractions terreſtres & principalement les horiſontales.

Problême IX.

§. 115. La hauteur d'un objet par deſſus la ſurface de la terre ou de la mer etant donnée, trouver la diſtance, à laquelle on peut encore le voir.

Solution.

Fig. 10. Soit A C le demi diamétre de la terre, A M ſa ſurface, M o la hauteur de l'objet, A E le raïon horiſontal, qui ſera de même le raïon de la trajectoire o A qui touche la ſurface de la terre en A. Poſant donc $AC = 1$, $oE = R$, $oM = y$, & conſiderant que les angles A C M, A E o, ſont fort petits, on pourra faire l'analogie ſuivante. Aïant tiré la tangente A O, & prolongé C M en O, on aura à tres peu de prés

$$Oo : OM = AC : AE$$

d'où l'on tire

$$y : OM = (R - 1) : R$$
$$OM = Ry : (R - 1)$$

CO

$$CO = 1 + \frac{R\,y}{R-1} = \text{fec. } ACO.$$

Ce qui donne l'angle ACO, & l'arc AM fera $= \sqrt{\frac{2Ry}{R-1}} =$ exprimé en parties, dont le raïon de la terre eft l'unité.

COROLLAIRE.

§. 116. La diftance, à laquelle on pourroit voir un objet fans la refraction eft $= \sqrt{2y}$, & par conféquent à la diftance trouvée $\sqrt{\frac{2Ry}{R-1}}$ comme $\sqrt{(R-1)}$ à $\sqrt{R}$, ou comme $\sqrt{(1-\frac{1}{R})}$ à 1; ce qui donne à tres peu près le rapport de $(2R-1)$ à $2R$. Ainfi le raïon horifontal etant $= 7$, ce rapport fera $= 13 : 14$; de forte que la refraction augmentera la diftance, à laquelle un objet peut encore être vu, de la treizieme partie.

THÉORÊME XXXII.

§. 117. *L'etat de l'athmofphere reftant le même, la diftance, à laquelle un objet peut encore etre vu, croit en raifon de la racine quarrée de la hauteur de l'objet au-deffus de la furface de la terre ou de la mer.*

DE-

DÉMONSTRATION.

Car cette diſtance etant $= \sqrt{\left(\dfrac{2\,R\,y}{R-1}\right)}$ (§. 115.)
elle ne dépend que du raïon horiſontal, & de la
hauteur de l'objec. Mais dans l'hypotheſe du Théorème R eſt conſtant, donc la diſtance ſera comme
$\sqrt{y}$, & partant en raiſon de la racine quarrée de la
hauteur de l'objet au-deſſus de l'horiſon.

PROBLÊME X.

§. 118. *L'elevation d'un endroit au-deſſus de l'ho-*
riſon & le raïon horiſontal etant donnés, trouver la
refraction, l'abaiſſement de l'horiſon véritable au-
deſſous de l'apparent, & la diſtance de ſon extrémi-
té apparente.

SOLUTION.

Soit A M l'horiſon véritable, o un endroit elevé, o M ſa hauteur, o A le raïon de lumiere, qui
touche l'horiſon en A, A ſera ſon extrémité apparente, A M la diſtance horiſontale. Soit A E le
raïon horiſontal, & aïant joint les points E, o,
par la droite E o, faites comme ci-deſſus, C A $=$
1, A E $=$ R, M o $= y$, & vous aurez (§. 115.)

$$AM = \sqrt{\dfrac{2\,R\,y}{R-1}} = ACM$$

Or la refraction terreſtre ζ eſt la $\frac{1}{2R}$ tieme partie de l'angle A C M , (§. 108.) donc

$$\zeta = \sqrt{\frac{y}{2R(R-1)}}$$

De plus l'abaiſſement apparent de l'horiſon eſt egal à l'angle C o E, mais les angles C E o, C o E etant fort petits, on aura

$$C o E : o C A = C E : E o = (R-1) : R$$

d'où l'on tire

$$C o E = \frac{o C A . (R-1)}{R}$$

par conſéquent l'abaiſſement apparent de l'horiſon marin eſt la $\frac{R-1}{R}$ tieme partie de la diſtance M C A de ſon extrêmité viſible. Mais cette diſtance etant $= \sqrt{\frac{2yR}{R-1}}$, l'abaiſſement de l'horiſon fera $= \sqrt{\frac{2y(R-1)}{R}}$

Corollaire I.

§. 119. Ainſi l'Etat de l'air reſtant le même, la diſtance de l'extrêmité de l'horiſon , ſon abaiſſement, & ſa refraction, feront dans un rapport conſtant de la racine quarrée de la hauteur de l'objet au - deſſus de l'horiſon. Et ſi le raïon horiſontal eſt $= 7$, ces trois quantités feront comme les nombres 14, 12, 1. ou en général comme 2R, (2R — 2), 1.

F

Re-

REMARQUE.

§. 120. Mr. J. Caſſini, a obſervé l'abaiſſement apparent de l'horiſon de la mer ſur diverſes hauteurs, qu'il avoit méſurées géométriquement Ces obſervations ſe trouvent dans ſon *Traité ſur la Grandeur & la Figure de la Terre P. I. Ch. 10.* Nous verrons ci - deſſous, que la plûpart de ces hauteurs ſouffrent une correction conſiderable parcequ'elles ſont calculées ſans la refraction. Voici donc les hauteurs corrigées, & l'abaiſſement obſervé.

		y		C o E
à Collioure.	.	69 pieds.		$0° : 8' : 35''$
à Perpignan.	.	216	.	$0 : 15 : 0$
à St. Elme.	.	609	.	$0 : 26 : 20$
a Tautavel.	.	1486	.	$0 : 38 : 0$
à Maſſanne.	.	2450	.	$0 : 50 : 20$

Or prenant les racines quarrées des hauteurs y, on trouvera qu'elles repreſenteront aſſez exactement l'abaiſſement répondant exprimé en minutes, & qu'il ne faudra que les augmenter environ d'une ſoixantieme partie, comme je l'ai trouvé par la formule du Problême IX. C'eſt ainſi qu'on aura

$$\sqrt{69} = 8' : 18'' \quad \text{au lieu de.} \quad 8' : 35''$$
$$\sqrt{216} = 14 : 43. \qquad\qquad 15 : 0$$
$$\sqrt{609} = 24 : 36. \qquad\qquad 26 : 20$$
$$\sqrt{1486} = 38 : 33. \qquad\qquad 38 : 0$$
$$\sqrt{2450} = 49 : 30. \qquad\qquad 50 : 20$$

Toutes ces obſervations ont eté faites aux mois de Janvier, de Fevrier & de Mars, & par conſéquent dans la ſaiſon de l'année où l'air eſt ſujet à de tres grandes variations. Néanmoins le calcul,

dans

dans lequel on fuppofe l'etat de l'athmofphere uni-
forme pour toutes, ne differe des obfervations que
tout au plus d'une minute. Ainfi nous voïons,
que par tout, où la différence d'une minute ne fauroit être negligée, il fera toujours néceffaire de déterminer le raïon horifontal exactement & par une
obfervation immédiate, comme nous l'avons en-
feigné aux Problêmes VII & VIII. Ce qui arrive-
ra, lorfque de la hauteur d'un endroit y, on veut
trouver une des trois quantités, que nous avons
déterminées au Probl. X. Mais fi par contre on
cherche la hauteur d'une montagne par fa diftance
& fon elevation apparente, il fuffira de fuppofer le
raïon horifontal $= 7$; particulierement fi la diftance donnée n'eft pas extrêmement grande, p. ex.
au-deffous de deux degrés de la terre.

THÉORÊME XXXIII.

§. 121. *Dans le Nivellement l'abaiffement* O o,
d'un objet, que l'on voit en A *fur la ligne horifon-*
tale apparente AO, *eft à la diftance* oM *de cet*
objet de la furface ou de l'horifon véritable AM,
comme le raïon de la terre, à la différence entre ce
raïon & le raïon horifontal.

DÉMONSTRATION.

Par le Probléme IX. (§. 115.) nous avons

$$OM = \frac{R\,y}{R-1}$$

or

$$oM = y$$

donc

$$oO = \frac{R\,y}{R-1} - y = \frac{y}{R-1}$$

& partant

$$oO : oM = \frac{y}{R-1} : y = 1 : (R-1)$$

COROLLAIRE I.

§. 122. Si donc le raïon horifontal eft $= 7$, on trouvera oM fix-fois plus grande que oO, de forte que la Refraction eleve les objets vus fur l'horifon apparent AO, de la fixieme, ou en général de la $\frac{1}{R-1}$ tieme partie de leur diftance de la furface ou de l'horifon véritable.

Corollaire II.

§. 123. Comme dans les tables du nivellement, on exprime ordinairement toute la hauteur O M, il est evident, qu'il faut la diminuer d'une septieme partie, si le raïon hor.fontal est $= 7$, pour avoir la véritable hauteur M o, puisque l'objet, qu'on croit voir en O, suivant la droite horifontale, se trouve d'une septieme, ou en général, d'une $\frac{1}{R}$ tieme partie de M O plus bas en o.

Remarque.

§. 124. En suppofant le raïon horifontal $= 7$, j'ai calculé la table suivante, dont la premiere Colonne exprime la hauteur o O, de laquelle l'objet paroit plus elevé, & la feconde donne la diftance A O ou A M, qui lui répond. En prenant quelque milieu entre le diametre de l'Equateur & l'axe de la terre, j'ai suppofé que la diftance A M etant de 10000 toifes, la hauteur entiere O M foit de 15,311 toifes, & par conféquent o O de $\frac{15,311}{7}$ $= 2,1873$ toifes, d'où les nombres de la table fe deduifent, puifque o O croit ou decroît comme le quarré de la diftance A M. (§. 118.) L'ufage de cette table peut s'appliquer à tout ce que nous avons demontré fur la fig. X. & à ce que nous en dirons encore. C'eft ainfi qu'aïant trouvé o O, pour une diftance quelconque A M, on aura o M en multipliant o O par 6, & en la multipliant par 7 on aura toute la hauteur O M, qui eft indépendante

F 3   des

des refractions, & dont on poura enfuite toujours deduire o O, ou o M pour un autre raïon horifontal plus grand ou plus petit que celui dont nous nous fommes fervis pour la conftruction de la table.

Il fera facile de trouver les hauteurs o O pour des diftances plus grandes que celles, auxquelles la table s'etend, en confiderant qu'à une diftance double, la hauteur o O, eft quatre-fois plus grande, & qu'en général il eft o O $\backsim$ A M².

Table des toises, dont il faut diminuer la hauteur
des endroits vus dans la ligne horisontale. Fig. X.

o O	A M	o O	A M	o O	A M.
1	6761	34	39427	67	55344
2	9562	35	40002	68	55758
3	11711	36	40570	69	56166
4	13523	37	41130	70	56571
5	15119	38	41680	71	56974
6	16562	39	42226	72	57374
7	17889	40	42764	73	57770
8	19124	41	43296	74	58165
9	20285	42	43820	75	58556
10	21388	43	44338	76	58940
11	22425	44	44551	77	59333
12	23422	45	45357	78	59719
13	24379	46	45860	79	60098
14	25300	47	45354	80	60477
15	26187	48	46845	81	60855
16	27046	49	47331	82	61230
17	27879	50	47812	83	61600
18	28687	51	48287	84	61970
19	29470	52	48758	85	62338
20	30238	53	49224	86	62705
21	30985	54	49687	87	63019
22	31715	55	50144	88	63430
23	32427	56	50599	89	63788
24	33125	57	51049	90	64146
25	33808	58	51495	91	64501
26	34478	59	51937	92	64854
27	35134	60	52375	93	65206
28	35778	61	52810	94	65556
29	36412	62	53240	95	65903
30	37035	63	53668	96	66250
31	37647	64	54092	97	66595
32	38249	65	54514	98	66937
33	38842	66	54931	99	67277
34	39427	67	55344	100	57615.

Remarque II.

§. 125. Puifque les objets terreftres affez eloignés pour que la refraction foit fenfible, paroiffent ordinairement fort peu elevés au-deffus de l'horifon, de forte que l'angle de leur hauteur apparente n'eft que de quelques degrés, on peut fuppofer que la refraction les eleve de la même quantité de toifes, qu'elle eleve l'objet o, lorfqu'il eft à la même diftance. Ainfi fi l'on calcule leur hauteur fans retrancher premierement de l'angle de leur elevation apparente l'angle de la refraction, il faudra diminuer leur hauteur trouvée du nombre de toifes, qu'on trouvera répondre dans la table precédente à la diftance, à laquelle ils ont eté obfervés. Nous avons dejà remarqué ci-deffus (§. 120.) que les hauteurs de prefque toutes les montagnes méfurées en France de même que dans d'autres parties du monde ont befoin de cette correction, & nous en donnerons des exemples à la fin de ce traité.

P R O B L Ê M E XI.

§. 126. *On obferve le moment, auquel le Soleil couchant ceffe d'eclairer une nuée verticalement au-deffus de l'endroit de l'obfervation, trouver la hauteur de cette nuée.*

SOLUTION.

Du moment donné cherchez la profondeur du Soleil au-deſſous de l'horiſon, & ſouſtraïez-en la refraction aſtronomique horiſontale, & vous aurez l'angle A C M, & partant l'arc A M, lequel etant converti en toiſes, vous donnera dans la table precédente la hauteur o O, & partant auſſi la hauteur o M de la nuée au-deſſus de l'horiſon A M.

REMARQUE.

§. 127. Ce Problême ne ſauroit s'appliquer avec quelque exactitude, qu'aux Cas, où les raïons du Soleil couchant touchent la ſurface de la mer, ou une plaine horiſontale & peu elevée par-deſſus le niveau de la mer. Car ſi un endroit plus elevé jettoit ſon ombre ſur la nuée, on ne trouveroit que tout au plus la hauteur de la nuée au-deſſus de cet endroit, & même fort inexactement, puiſque la refraction aſtronomique ſera différente de l'horiſontale.

Ainſi ce Problême etant de peu d'uſage, je ne m'arrêterai pas à l'appliquer aux cas, où la nuée n'eſt point verticale, d'autant qu'on a d'autres moïens de trouver leur hauteur.

Pro-

PROBLÊME XII.

§. 128. Une table des refractions astronomiques pour un endroit etant donnée, trouver une autre pour un endroit plus ou moins elevé, mais dont l'elevation soit donnée.

SOLUTION.

Fig. 6.   Soit l'un des endroits A, l'autre plus elevé H. soit AB un raïon de lumiere, que l'on conçoive continué au-delà de B jufqu'à l'extrêmité de l'athmofphere. Faifons comme dans le Problême VII.

$$HAG = \gamma.$$
$$FBC = \omega.$$
$$AC = I.$$
$$AE = R.$$
$$AH = \chi.$$

La refraction aftronomique en $A = z$, celle en $B = \varphi$, il eft evident que l'angle AgF fera la différence de ces refractions, & partant $= z - \varphi$.

Or cet angle AgF eft double de la refraction terreftre en A & B, & par conféquent il fera la $\frac{I}{K}$ tieme partie de l'angle ACB, d'où l'on aura

$$\varphi = z - \frac{ACB}{R}$$

Or

Or la table des refractions pour l'endroit A etant donnée, on en trouvera le raïon horifontal R, qui lui convient par le Probl. VIII. (§. 106.) Ainſi il ne s'agit que de chercher l'angle ACB répondant à chaque angle γ. ce qu'on fera le plus commodement de la maniere qui ſuit.

1°. Les droites R & γ etant données, faites $CG = 1 + \dfrac{R\,\gamma}{R-1}$, qui fera la fécante de l'angle ACB lorſque γ eſt $= 90°$. (§. 115.) d'où vous aurez l'angle ACB, & partant $GgB = FgA = \dfrac{ACB}{R}$, & $FBC = 90° - \dfrac{R-1}{R}$. ACB $= \omega$.

2°. Aïant trouvé l'angle ω répondant à l'angle $\gamma = 90°$, cherchez le rapport entre les ſinus de ces deux angles, parceque ce rapport etant conſtant pour tous les angles γ, vous donnera les angles, ω, qui leur répondent.

3°. Or puiſque

$$CAg + AgB + gBC + BCA = 360°,$$

&

$$
\begin{aligned}
CAg &= 180° - \gamma \\
gBC &= \omega \\
AgB &= 180 - AgF \\
ACB &= R. \; AgF
\end{aligned}
$$

en ſubſtituant ces valeurs, on aura

$$\gamma - \omega = (R-1).\, AgF.$$

& par-

& partant

$$A g F = \frac{\gamma - \omega}{R - 1}$$

donc

$$\varphi = z - \frac{\gamma - \omega}{R - 1}$$

Ainſi de chaque refraction z répondante à un angle γ en A, vous en trouverez une autre φ, qui répondra à l'angle ω en B.

REMARQUE.

§. 129. En ſuivant cette méthode, & ſuppoſant le raïon horiſontal $= 7$, j'ai trouvé que ſi l'endroit B eſt de 1000 toiſes plus elevé, que l'endroit A, il faut diminuer les refractions répondantes aux mêmes diſtances du Zénith environ d'une ſixieme partie.

PROBLÊME XIII.

Fig. 11. §. 130. *Un raïon entrant dans l'athmoſphere en B ſuivant la direction LB parallele à l'axe DC, & touchant la ſurface de la terre en A, trouver le point du concours avec l'axe en F.*

Sọ,

Solution.

Aïant prolongé la droite LB, menez-y la perpendiculaire Ct, faites l'angle tCA $=$ ACT
egal à la refraction aftronomique horifontale, CT
$=$ Ct, tirez TF perpendiculaire à CT, qui
déterminera le point F. Or il eft evident, que les
droites Bt, TE, touchent la trajectoire BAE
aux deux extrêmités en B & E, donc le rapport
entre les perpendiculaires Ct ou CT & CA, eft
le même que le rapport entre les finus de l'angle
d'inclinaifon & de l'angle brifé de la lumiere, qui
entre du vuide dans l'air naturel (§. 70.) & par
conféquent il eft donné (§. 90.) de même que la
refraction horifontale. Mais les droites LB, CD
etant paralleles, & Ct perpendiculaire, l'angle
tCF fera droit. D'où l'on trouve l'angle CFT
egal à l'angle tCT, & par conféquent double de
la refraction horifontale. Faifant donc

$$CA = 1, \ CT = v, \ tCA = z,$$

on trouvera

$$CF = v. \text{coféc. } 2z.$$

Corollaire.

§. 131. Si la direction de la lumiere n'eſt point parallele à l'axe, mais qu'elle fait un angle DCd $= c$, le point du concours ſera en f.

Or l'angle $TAfc$ ſera $= 2z + c$; donc
$$Cf = v.\, coſéc.\, (2z + c).$$

Exemple.

§. 132. Que la droite Cd joigne les centres du Soleil & de la Terre, le raïon LB ſoit ſuppoſé emanant du bord du Soleil, il eſt evident que Cf ſera la longueur de l'ombre de la terre, & l'angle DCd ſera le demi - diametre apparent du Soleil.

Faiſons $c = 16'$. $z = 33'$. $v = 1,0003054$, & nous aurons

$$CF = v.\, coſéc.\, 82' = 41,94$$

de ſorte que dans ce Cas la longueur de l'ombre de la terre ſera d'environ 42 de ſes demi-diametres, ce qui fait à peu près les deux tiers de la plus grande diſtance de la Lune. Du reſte il eſt clair que cette longueur varie en raiſon directe de la perpendiculaire $CT = v$, & en raiſon reciproque de la ſomme de la double refraction horiſontale & du demi-diametre apparent du Soleil.

REMARQUE I.

§. 133. Ce Problême & son Corollaire font in-
dépendans d'aucune hipothefe particuliere, & les
données qu'ils exigent fe trouvent immédiatement des obfervations. On l'appliqueroit auffi facilement aux Crepufcules, s'il etoit démontré
qu'ils ne dépendent que d'une fimple reflexion de
la lumiere, & que celle que les particules qui font
à l'extrèmité de l'athmofphere reflechiffent, eft
encore affez forte, pour que nous puiffions nous
en appercevoir, des qu'elle paroit à l'horifon. Car
en fuppofant la dépreffion du Soleil au commencement du crepufcule de 19 degrés, on trouve
que ces 19 degrés egalent la fomme de la triple
refraction horifontale & du double de l'angle
B C t. Ainfi faifant la refraction horifontale $=$
33′, l'angle B C t fera $= \dfrac{19° - 1°, 39′}{2} = 8°,$
40′, 30″. Donc la hauteur de l'air fera $=$ v. féc.
(8°, 40′, 30″). Soit v comme ci-deffus $=$
1,0003054, on aura

$$CB = 1,01158$$

de forte que la hauteur de l'air, qui reflechit encore la lumiere feroit la $\dfrac{1}{86}$ me partie du demi-
diametre de la terre.

R F.

Remarque II.

§. 134. On peut encore fe fervir de la pofition du point F pour trouver les refractions, en invertant le Problême. Pour cet effet on envifage l'athmofphere comme un milieu cauftique, dont le foïer eft en F. Il n'eft pas befoin de confiderer toute la courbure B A E, mais on n'en prendra que la moitié, ce qui eloignera d'avantage le foïer. Et comme les raïons, qui tombent dans l'athmofphere à différentes diftances de l'axe D C, ont auffi des foïers inégalement eloignés du centre C, il fera facile d'en déterminer autant que l'on voudra moïennant les refractions données, & on trouvera les foïers intermédiaires, en confiderant que ceux des raïons qui font tres proches de l'axe D C s'approchent du centre C comme les cofinus des angles γ, ou comme les finus des angles de l'incidence de la lumiere fur fa furface A. &c.

Problême XIV.

§. 135. *L'angle de l'elevation apparente d'une montagne & fa diftance horifontale etant donnés, trouver fa hauteur.*

Solution.

Soit A l'endroit de l'obfervation, B le fommet *Fig.* 6. de la montagne, on connoit l'angle HAG, qui eft fa diftance apparente du Zénith, & l'angle ACB de fon eloignement horifontal, & le raïon horifontal etant fuppofé $= 7$, on fera l'analogie fuivante

$$BC : \text{fin. } (CAG - \tfrac{1}{14} ACB) = AC : \text{fin.}$$
$$(FBC - \tfrac{1}{14} ACB)$$

ce qui donne

$$BC = \frac{AC. \text{ fin. } (CAG - \tfrac{1}{14} ACB)}{\text{fin. } (FBC - \tfrac{1}{14} ACB)}$$

Autrement.

En cherchant la diftance CG, qui fera $=$

$$AC. \frac{\text{fin. } HAG}{\text{fin. } (HAG - ACB)} ; \text{ il faudra en}$$

fouftraire la diftance GB, dont la montagne paroit plus elevée, que vous trouverez

$$= \tfrac{1}{7} (\text{féc. } ACB - AC). \text{ coféc. } HAG.$$
(§. 113. 115.)

REMARQUE I.

§. 136. La diſtance horiſontale etant exprimée en toiſes, la quantité $\frac{1}{7}$ (ſéc. ACB — AC) ſe trouvera dans la table, que nous avons donnée ci-deſſus. Et puiſque l'angle HAG ne diffère la plus part que d'environ un ou deux degrés d'un angle droit, ſa coſécante poura être ſuppoſée $=$ 1, de ſorte que la diſtance GB poura être poſée egale à $\frac{1}{7}$ (ſéc. ACB — AC), & ſe trouvera immédiatement de la Table. (§. 124.)

REMARQUE II.

§. 137. Moïennant la ſeconde Solution on poura corriger les hauteurs des montagnes, qu'on a meſurées juſqu'ici ſans avoir egard à la refraction, & il ne faudra que ſavoir la diſtance, à laquelle elles ont eté meſurées.

Je vais maintenant donner les exemples, en corrigeant la plûpart de celles, qui ſe trouvent dans le livre de Mr. Caſſini cité ci-deſſus. (§. 120.) Il importera de ſavoir leur hauteur plus exactement, parceque pluſieurs obſervations, qu'on y a faites ſur l'abaiſſement de l'horiſon marin & ſur les hauteurs Barométriques, en dépendent, & on verra pourquoi les hypotheſes ſur ces hauteurs du Barometre n'ont jamais voulu s'accorder avec les expériences, vu que diverſes de ces montagnes ont eté ſuppoſées de 40 juſqu'à 50. toiſes trop hautes, & d'autres preſque d'autant trop petites. Si donc les hauteurs Barométriques n'etoient pas même ſujettes à la moindre irrégularité, il auroit

roit toujours eté impoſſible de les faire quadrer aux hauteurs des endroits déterminées avec ſi peu d'exactitude.

E X E M P L E S.

§. 138. Je nommerai la diſtance horiſontale de la montagne de l'endroit de l'obſervation D, la hauteur de la montagne au-deſſus du niveau de cet endroit, telle que Mr. Caſſini l'a trouvée ſans la refraction A, la différence GB $=$ R, & la hauteur véritable H $=$ AH, de ſorte que

$$A - R = H.$$

Or la diſtance D etant donnée, on la cherchera dans la ſeconde colonne de la table du §. 124. & on trouvera dans la premiere colonne la différence R.

Iʳᵉ. *Observation au signe Septentrional.*

Le Canigou.   . .   A   = 1441,0 toises
D = 28767. . .   R   =   18,0

Le Canigou au-dessus de la mer H = 1423,0

Le Mouffet.   . .   A   = 1253,0
D = 35145. . .   R   =   27,0

                        H   = 1226,0

II. *Observation à Collioure.*

Matelotte.   D = 2228   H =   336,4
Maffanne   D = 3046   H =   408,3

St. Elme.   D = 675   H =   101,5

III. *Observation à St. Elme.*

Le Canigou.   .   A   = 1442,0
D = 26912.   .   R   =   16,0

                        H   = 1426,0
Mais de la premiere observation = 1423,0

Donc la Hauteur moïenne.   = 1424,5

Le Puy de Bugarac.	A	=	650,5
D = 35936.	R	=	28,3
	H	=	622,2

| La Matelotte. D = 1800 | H | = | 334,5 |
| Dans la 2ᵉ. Obſervation | H | = | 336,4 |

Hauteur moïenne de la Matelotte.   335,4

IV. Obſervation à Perpignan ſur la Tour de St. Jaques.

Le Canigou.	A	=	1398,0
D = 21445,	R	=	10,0
	H	=	1388,0

La hauteur du Canigou ſur la Mer = 1424,5

Donc la tour de St. Jaques. = 36,5

Le Puy de Bugarac,	A	=	610,6
D = 23946.	R	=	12,5
	H	=	598,1

St. Jaques au-deſſus de la Mer = 36,5

Bugarac ſur la Mer. = 634,6
Mais dans la 3ᵉ. Obſervation. = 622,2

Hauteur moïenne de Bugarac. = 628,4

V. *Observation à Tautavel.*

Le Canigou. . A $=$ 1184,0
D $=$ 20812. . R $=$ 9,6
H $=$ 1174,4

La Canigou au-deſſus de la Mer. $=$ 1424,5

Tautavel au-deſſus de la Mer. $=$ 250,1

Le Mouſſet. . A $=$ 994,0
D $=$ 24600. R $=$ 13,2
H $=$ 980,8

Le Mouſſet au-deſſus de la Mer. $=$ 1226,0

Tautavel. . $=$ 245,2

Hauteur moïenne de Tautavel. $=$ 247,6.

Ou reciproquement la Hauteur
moïenne du Mouſſet. $=$ 1228,0.

VI. *Observation à Magrin.*

Le Canigou   A $=$ 1364,0
D $=$ 66700.   R $=$ 97,2

            H $=$ 1266,8

Le Canigou au - deſſus de la Mer. $=$ 1424,5

Magrin au - deſſus de la Mer. $=$ 157,7

Le Puy Laurent.   A $=$ 20,0
   D $=$ 4530.   R $=$ 0,5

            H $=$ 19,5

La Hauteur de Magrin. $=$ 157,7

Celle du Puy-Laurent. $=$ 177,2

VII. *Observation sur le Puy-Laurent.*

Rupeyroux.	A	= 310,5
D = 43521.	R	= 41,4
	H	= 269,1
La Hauteur du Puy-Laurent.		= 177,2
Celle de Rupeyroux.		= 446,3

VIII. *Observation à Rupeyroux.*

Le Plomb de Cantal.	A	= 585,5
D = 47665.	R	= 49,6
	H	= 535,9
La Hauteur de Rupeyroux.		= 446,3
Celle du Plomb de Cantal.		= 982,2

Le Puy de Violent.	A	= 452,5
D = 48785.	R	= 52,0
	H	= 400,5
La Hauteur de Rupeyroux.		= 446,3
Celle du Puy de Violent.		= 846,8

IX. Ob-

IX. *Observation à Rodes.*

Rupeyroux.	A	$=$	89,0
D $=$ 14228.	R	$=$	4,5
	H	$=$	84,5
La Hauteur de Rupeyroux.		$=$	446,3
Celle de Rodes.		$=$	361,8

X. *Observation à Bastide.*

Cantal.	A	$=$	562,0
D $=$ 28954.	R	$=$	18,4
	H	$=$	543,6
La Hauteur du Cantal.		$=$	982,2
Celle de la Bastide.		$=$	438,6
La Courlande.	A	$=$	415,0
D $=$ 47580.	R	$=$	49,4
	H	$=$	365,6
La Hauteur de la Bastide.		$=$	435,7
La Courlande.		$=$	801,3

La

La Cofte.	A	= 428,0
D = 51637.	R	= 56,3
	H	= 371,7

La Hauteur de la Baftide. = 435,7
Celle de la Cofte. . = 807,4

Le Mont d'or.	A	= 617,0
D = 48588.	R	= 51,6
	H	= 565,4

La Hauteur de la Baftide. = 435,7
Celle du Mont d'or. = 1001,1

XI. Ob-

XI. *Observation sur le Lage-Chevalier.*

Le Mont d'or.	A	=	716,0
D = 49228.	R	=	53,0
	H	=	663,0

La Hauteur du Mont d'or.	=	1001,1
Celle du Lage - Chevalier.	=	338,1

Le Puy de Dome.	A	=	485,0
D = 39556.	R	=	34,2
	H	=	450,8

La Hauteur du Lage - Chevalier.	=	338,1
Celle du Puy de Dome.	=	788,9

Il faut remarquer que dans les trois premieres Obfervations les Lettres A & H fignifient les hauteurs abfolues des endroits fur la Mer, mais dans toutes les fuivantes elles ont la fignification, que je leur ai donnée au commencement de ce §.

REMARQUE.

§. 139. La Montagne de St. Barthelemi dont j'ai fait entierement abſtraction dans le calcul précedent, a eté obſervée en quatre endroits, au ſigne Septentrional, à Rupeyroux, à Magrin & ſur le Puy-Laurent. Mais il ſemble qu'il s'y eſt gliſſé quelque erreur.

Apparemment n'a-t-on pas meſuré le même ſommet de cette Montagne aux deux premiers endroits, & aux deux derniers, parceque ces obſervations different d'environ 100 toiſes, & que la montagne eſt fort grande & a pluſieurs ſommets, comme il paroit de la figure que Mr. Caſſini en donne dans ſon Livre *P. I. Cb. VII. S. 3.*

Voiçi le Calcul.

I. *Obſervation au ſigne Septentrional.*

Le St. Barthelemi.	.		$= 1184,5$
D $= 52420.$		R	$= \quad 60,0$
La Hauteur.	.	H	$= 1124,5$

II. *Observation à Rupeyroux.*

Le St. Barthelemi.	A	=	846,8
D = 87740.	R	=	168,4
	H	=	678,4

La Hauteur de Rupeyroux.	=	446,3
Celle du St. Barthelemi.	=	1124,7

Ainsi la Hauteur moïenne trouvée
de ces deux Observations sera. = 1124,6.

III. *Observation à Magrin.*

Le St. Barthelemi.	A	=	1107,5
D = 46264.	R	=	46,8
	H	=	1060,7

La Hauteur de Magrin.	=	157,7
Celle du Barthelemi.	=	1218,4

IV. Ob-

IV. *Observation sur le Puy-Laurent.*

Barthelemi.   A   = 1098,0
  D = 44233.   R   =   42,8
                  H   = 1055,2

La Hauteur du Puy-Laurent.   = 177,2

Celle du Barthelemi.   = 1232,4

Ainsi la Hauteur moïenne de la Montagne St. Barthelemi tirée de ces deux Observations sera   = 1225,4

Voici

Voici donc les Hauteurs de toutes ces montagnes dans une tabelle, avec la Hauteur du Baromêtre, telle qu'on l'a obfervée, reduite à la Hauteur moïenne, en fuppofant celle au niveau de la mer de 28. pouces.

Noms des Montagnes.	Hauteur fuivant Mr. Caffini en toifes.	Hauteur corrigée en toifes.	Hauteur du Baromêtre.
			" '''
Le Canigou. .	1441,5	1424,5	20 : 0$\frac{1}{2}$
Le Mouffet. .	1253,0	1228,0	20 : 10$\frac{2}{3}$
La Matelotte. .	335,5	335,4	
La Maffanne. .	408,5	408,3	25 : 4
St. Elme. .	101,5	101,5	
Puy de Bugarac.	650,5	628,4	24 : 1$\frac{1}{2}$
St. Jaques à Perpignan.	41,5	36,5	
Tautavel. .	258,0	245,2	
Magrin. .	77,0	157,7	
Puy-Laurent. .	97,0	177,2	
Rupeyroux. .	407,5	446,3	25 : 1$\frac{1}{2}$
Plomb de Cantal.	993,0	982,2	
Puy de Violent.	860,0	846,8	
Rodes. . .	318,5	361,8	25 : 8
La Baftide. .	431,5	438,6	
La Courlande. .	846,0	801,3	23 : 2
La Cofte. .	859,0	807,4	23 : 2
Le Mont d'or. .	1048,0	1001,3	
Le Lage-Chevalier.	332,0	338,3	
Le Puy de Dome.	817,0	789,1	23 : 2$\frac{1}{2}$
Le St. Barthelemi.	1189,2	1225,4	21 : 0$\frac{1}{2}$

Re-

R E M A R Q U E.

§. 140. En comparant ces hauteurs, on voit que plusieurs, comme la Matelotte, la Massanne, St. Elme, Tautavel &c. ne different pas beaucoup, mais que par contre celles de Magrin & du Puy-Laurent sont de 80 toises plus grandes, que ne les donne Mr. Cassini, & que par contre la Courlande, la Coste, le Mont d'or, doivent être diminués de 30 à 40 toises, pour que de la hauteur que Mr. Cassini a trouvée, on en puisse avoir la véritable. Mais il y a un autre point, qui m'a extrêmement surpris, c'est que les hauteurs Barométriques s'accordent parfaitement bien avec les hauteurs des endroits corrigées.

Car en représentant les premieres par les abscisses, & appliquant les dernieres comme des ordonnées, on déterminera autant de points d'une ligne courbe.

J'ai trouvé qu'en tirant cette Courbe, par ces points déterminés, elle est si réguliere, comme si ces points avoient eté placés exprès aux endroits, par où la courbe devoit passer, & qu'ils ne s'en ecartent que de quelques toises tout au plus. Cet accord inopiné m'a engagé à y appliquer une formule, par laquelle j'ai calculé une table pour les hauteurs des endroits au-dessus de la mer, & celles du Baromêtre, qui leur répondent, dans son etat moïen. Je donnerai une autre fois la formule & la maniere, dont je me suis servi pour la trouver, & me contenterai de donner ici la table, & d'en faire voir l'accord avec les expériences rapportées dans le §. precédent. Bien qu'on ait encore des Observations Barométriques faites sur d'autres Montagnes, comme sur le Clairet en Provence, sur Notre-Dame

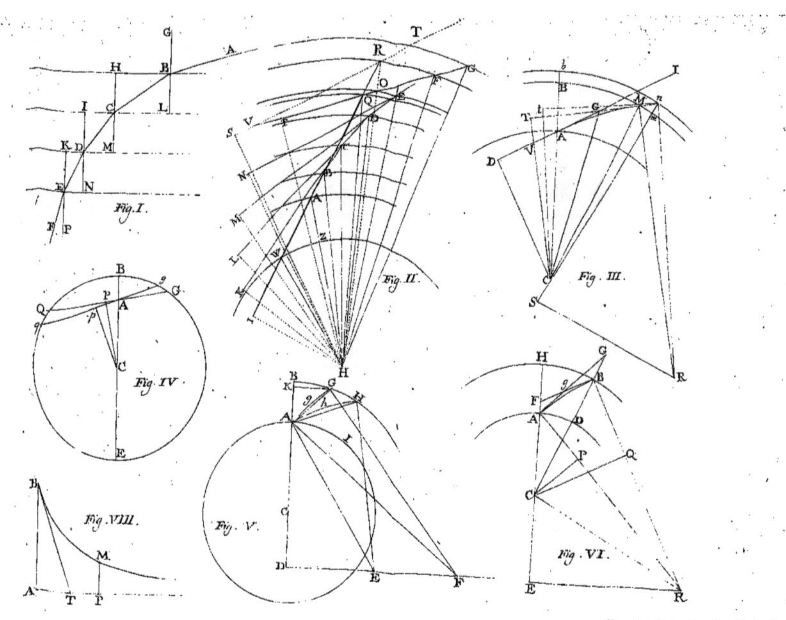

Routes de la Lumière. Tab. I.

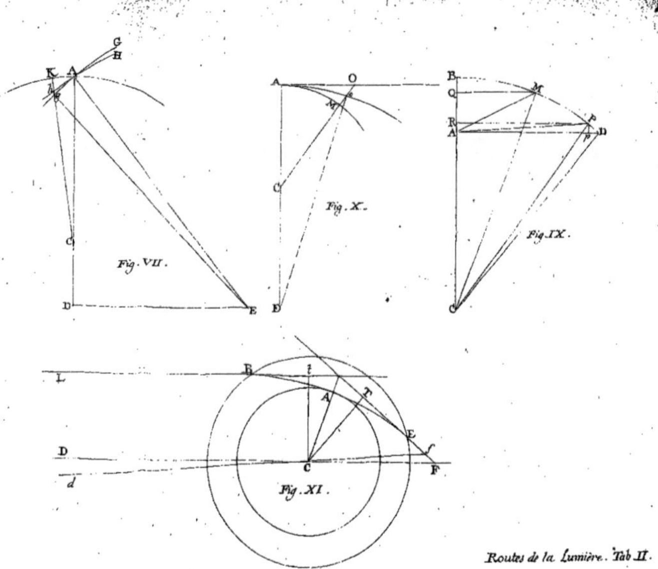

Fig. VII.

Fig. X.

Fig. IX.

Fig. XI.

Routes de la Lumière. Tab. II.

Dame de la Garde, & d'autres : mais n'aiant
pas à prefent l'occafion de corriger les hauteurs
de ces Montagnes, je me fuis borné à rapporter
celles, où j'ai pu trouver toutes les circonftances.
Au refte en faifant de femblables obfervations Barométriques, il eft à propos de choifir des jours,
où l'air eft calme, & que le Baromètre eft à fa
hauteur moïenne fans avoir varié depuis un jour
ou deux. Ces circonftances feront les plus oppor-
tunes, pour trouver exactement la defcente du mer-
cure dans le Baromètre.

Table des Hauteurs Barométriques répondantes aux elevations des endroits au-dessus de la Mer.

Hauteur du Baromètre.	Elevation des endroits.	Baromètre.	Elevation des endroits.	Baromètre.	Elevation des endroits.
27 : 11	12,0	24 : 8	529,3	21 : 5	1136,4
- - 10	24,1	- - 7	544,4	- - 4	1153,2
- - 9	36,3	- - 6	558,8	- - 3	1170,1
- - 8	48,6	- - 5	573,4	- - 2	1187,1
- - 7	60,9	- - 4	588,0	- - 1	1204,1
- - 6	73,3	- - 3	602,7	21 : 0	1221,2
- - 5	85,7	- - 2	617,3	20 : 11	1238,4
- - 4	98,2	- - 1	632,1	- - 10	1255,6
- - 3	110,8	24 : 0	647,9	- - 9	1272,9
- - 2	123,3	23 : 11	661,8	- - 8	1290,3
- - 1	136,0	- - 10	676.8	- - 7	1307,7
27 : 0	148,7	- - 9	691,8	- - 6	1325,3
26 : 11	161,4	- - 8	706,8	- - 5	1342,7
- - 10	174,4	- - 7	721,9	- - 4	1360,4
- - 9	187,4	- - 6	737,1	- - 3	1378,1
- - 8	200,4	- - 5	752,5	- - 2	1396,1
- - 7	213,4	- - 4	766,6	- - 1	1413,9
- - 6	226,5	- - 3	783,0	20 : 0	1431,8
- - 5	239,7	- - 2	798,4	19 : 11	1449,8
- - 4	252,9	- - 1	813,9	- - 10	1467,9
- - 3	266,2	23 : 0	829,5	- - 9	1486,1
- - 2	279,6	22 : 11	845,0	- - 8	1504,4
- - 1	239,1	- - 10	860,7	- - 7	1522,8
26 : 0	306,6	- - 9	876,4	- - 6	1541,2
25 : 11	320,1	- - 8	892,2	- - 5	1559,7
- - 10	333,7	- - 7	908,0	- - 4	1578,3
- - 9	347,3	- - 6	924,0	- - 3	1597,0
- - 8	361,1	- - 5	940,0	- - 2	1615,7
- - 7	374,8	- - 4	956,1	- - 1	1634,5
- - 6	388,7	- - 3	972,2	19 : 0	1652,5
- - 5	402,5	- - 2	988,3	18 : 6	1708,0
- - 4	416,5	- - 1	1004.4	18 : 0	1887,4
- - 3	430,5	22 : 0	1020.8	17 : 6	2009,3
- - 2	444,6	21 : 11	1037,1	17 : 0	2134,8
- - 1	458,7	- - 10	1053,5	16 : 6	2264,0
25 : 0	472,8	- - 9	1069,9	16 : 0	2307 3
24 : 11	487,0	- - 8	1085,4	15 : 6	2534,9
- - 10	501,2	- - 7	1103,0	15 : 0	2677,0
- - 9	515,5	21 : 6	1119,7	14 : 6	2824,0
				14 : 0	2976,0

Voici

Voici maintenant comme le calcul s'accorde avec les obſervations.

Noms des endroits.	Hauteur moïenne du barométre.	Hauteur calculée en toiſes.	Hauteur meſurée en toiſes.	Différence.
Rodes.	25″ : 8‴	361,1	361,8	— 0,7
Maſſanne.	25 : 4	416,5	408,3	+ 8,2
Rupeyroux.	25 : 1$\frac{1}{2}$	451,5	446,3	+ 5,2
Bugarac.	24 : 1$\frac{1}{2}$	624,7	628,4	— 3,7
Puy de Dôme.	23 : 2$\frac{1}{2}$	790,7	789,1	+ 1,6
La Coſte.	23 : 2	798,4	807,4	— 9,0
La Courlande.	23 : 2	798,4	801,3	— 2,9
St.Barthelemi	21 : 0$\frac{1}{2}$	1212,6	1225,4	— 12,8
Mouſſet.	20 : 10$\frac{2}{3}$	1244,8	1228,0	+ 16,8
Le Canigou.	20 : 0$\frac{1}{2}$	1422,9	1424,5	— 1,6

De-là on voit que la différence eſt toujours au-deſſous d'une ligne. Mais il faut encore remarquer, que les Hauteurs barométriques pour les deux-montagnes le Mouſſet & le St. Barthelemi, qui different le plus, ſont incertaines, en ce que je n'ai pu trouver quelle etoit la Hauteur du baromêtre à la ſurface de la mer ou à Paris, du tems que ces obſervations etoient faites.

On trouva la Hauteur du Baromêtre ſur le Pic de Teneriffe de 125 lignes plus bas, qu'au bord de la mer. Ainſi la Hauteur moïenne etant de 17″, 7‴, j'ai trouvé la Hauteur du Pic de 1989,2 toiſes, & je ne doute pas qu'elle ne differe gueres de la véritable. Car bien que le P. Feuillée la meſura & la trouva de 13158 pieds ou 2193 toiſes, il paroit cependant, que non ſeulement il n'a pas eu egard à la refraction, mais il y a apparence qu'il s'eſt ſervi de deux ſtations, ce qui doubleroit l'erreur, qui

                              nait

nait de la refraction. Mr. Bouguer donne la Hauteur du Pic de 12318, ou de 12258 pieds. Je ne fais pas de quelle maniere ces deux hauteurs ont eté trouvées : mais il eſt vraiſemblable, que la meſure en ait eté faite aux deux extrêmités d'un triangle, qui devoit déterminer la diſtance de la montagne & dont les côtés etoient inegalement eloignés. La meſure, qui reſulte du plus petit côté etant de 12258 pieds, ou de 2043 toiſes, ne differe de notre calcul que de 54 toiſes, effet qui peut tres bien provenir de la refraction, parcequ'il n'exige qu'une diſtance d'environ 50000 toiſes; & il la faudra tout au moins auſſi grande, pour qu'on puiſſe voir le ſommet de la montagne.

F I N.

Fautes à corriger.

Page.	Ligne.	Au lieu de	Liſez
41.	9.	TC	tC
43.	21.	DT	DM
51.	4.	$(c.\,\mathrm{tang}.\,80)$	$c(\mathrm{tang}.80)$
60.	18.	$\dfrac{DG-\sqrt{(DG^2-2n.DC^2)}}{DG}$	$\dfrac{DG-\sqrt{(DG^2-2n.DC^2)}}{DC}$
68.	6.	AS	AD
71.	18.	$\dfrac{ACB}{FGA}$	$\dfrac{ACB}{FgA}$
93.	7.	BAC	BAE
94.	5.	$TCſ$	$TſC$

www.ingramcontent.com/pod-product-compliance
Ingram Content Group UK Ltd.
Pitfield, Milton Keynes, MK11 3LW, UK
UKHW020921140726
13695UKWH00003B/911